职业教育家具设计与制造专业教学资源库建设项目配套教材

定制
家具设计

罗春丽　贾淑芳　主　编
赵红霞　苗雅文　王　焕　副主编
于　斌　魏欣越　参　编

中国轻工业出版社

图书在版编目（CIP）数据

定制家具设计 / 罗春丽，贾淑芳主编. —北京：中国轻工业出版社，2024.2

ISBN 978-7-5184-2906-6

Ⅰ.①定… Ⅱ.①罗… ②贾… Ⅲ.①家具—设计—职业教育—教材 Ⅳ.①TS664.01

中国版本图书馆CIP数据核字（2020）第031599号

责任编辑：陈　萍　　责任终审：李建华　　整体设计：锋尚设计

策划编辑：陈　萍　　责任校对：吴大朋　　责任监印：张　可

出版发行：中国轻工业出版社（北京鲁谷东街5号，邮编：100040）

印　　刷：三河市万龙印装有限公司

经　　销：各地新华书店

版　　次：2024年2月第1版第3次印刷

开　　本：787×1092　1/16　印张：9.25

字　　数：260千字

书　　号：ISBN 978-7-5184-2906-6　定价：49.00元

邮购电话：010-85119873

发行电话：010-85119832　010-85119912

网　　址：http://www.chlip.com.cn

Email：club@chlip.com.cn

240134J2C103ZBW

职业教育家具设计与制造专业教学资源库建设项目配套教材编委会

前言

定制家具在我国经过十几年的高速发展，已从最初的定制衣柜发展到目前的全屋定制、大家居定制、整木定制等多种定制模式，开发健康环保、创意智能、高质量的定制家具产品，满足消费者的高品位生活需求，提供人性化的设计方案和服务。定制家具规模的发展壮大、推动了传统家具产业的转型升级和变革，中国家具产业已经全面进入定制时代，定制已成为家具行业的潮流与方向，引领中国家具产业新的发展和未来。

产业的升级和发展离不开专业人才的支撑。近年来，定制家具行业的迅速发展对专业设计师的需求越来越大，行业内设计师人才缺口极大，定制设计师成为中国定制家具行业的热门职业。家具行业的发展促进了家具专业人才培养体系的改革和创新。近年来，许多院校开设了“定制家具设计”相关课程，培养定制行业设计师人才，但苦于缺乏规范性、系统性的教材。黑龙江林业职业技术学院家具设计专业自2007年开设以来，始终与行业、企业保持密切联系，深入推进产教融合，校企合作取得成熟教学经验和教学成果。2018年，校企共建教育部职业教育家具设计与制造专业“定制家具设计”课程教学资源库，同时开发出与课程配套、为广大师生提供丰富的教学资源和符合定制设计职业岗位的注重技能培养的数字化教材。培养高技能人才，助力家具产业创新高质量发展。

本教材的编写理念是突出职业能力培养，以定制家具设计师岗位所必需的知识和技能为主要编写内容，以定制家具设计师工作过程为编写主线，将企业的典型工作案例融入其中，突出实践性。采用灵活便捷的二维码，融入大量的微课和视频资源，丰富和完善教材内容，更便于师生学习、应用及拓展专业视野。构建人人皆学、处处能学、时时可学的良好生态。

本教材共分为7部分，第1部分是基础知识，后面部分是岗位技能，依据设计师工作流程和工作内容编排，是校企合作共建体现定制家具设计较完整的、系统的、职业特色鲜明的教材。教材开发和编写中将绿色环保设计理念、工匠精神、劳动精神、劳模精神、创新精神等课程思政元素融入课程章节，学生们在课程的学习和实践中潜移默化提升职业素养、树立职业自信，培养正确的职业道德观，引导学生成长为德、智、体、美、劳全面发展的高技能人才。

本教材由罗春丽、贾淑芳主编。罗春丽编写大纲、设计教材体系、统稿，并编写1、6.3和6.4，贾淑芳编写4和5，赵红霞编写3，苗雅文编写2，王焕编写6.1和6.2，魏欣越编写7.1至7.3。特邀北京索菲亚家居于斌总经理指导企业案例编写，同时负责编写7.4和7.5。

本教材参考和选编了大量资料和图片，教材中已经注明，在此向所有提供参考资料和图片的单位和个人表示诚挚的谢意！

由于编者水平有限，书中难免有不足之处，请同行和专家批评指正。

罗春丽

目录

1 定制家具基础知识概述

知识目标：了解定制家具材料种类、性能；熟悉家具柜体材料规格及使用特点；掌握国家标准规定的家具功能尺寸。

能力目标：能够合理选用家具材料；能够根据使用功能合理设计家具尺寸。

思政目标：通过学习树立勤俭节约、浪费可耻的思想意识；建立绿色环保、人与自然和谐共生的可持续发展设计理念。

家具设计是集功能和艺术的统一体。定制家具设计师首先要熟悉家具材料种类、性能、规格，以便在设计中做到合理用材，物尽其用，利用各种新材料提高产品的质量和美观性，降低产品的成本。定制家具是家具与空间的一体化设计，家具产品要依据人体工程学，满足消费者对家居生活配置需求。

1.1 定制家具常用材料

柜子是定制家具的主体，柜体好比一个完整的人体，柜体材料是肉身，五金件是骨骼，装饰线条就是毛发，智能组件是其神经系统，其他外加材料就像人体的指甲一样，同样有着重要作用。

1.1.1 柜体材料

定制家具中柜体要求具有耐腐、防潮、不生虫、不霉变等性能。柜体材料的好坏直接影响定制家具的质量。在结构上，柜体的零部件基本上是由各种板件（如侧板、底板、顶板、搁板、竖隔板、背板等）通过连接结构组成。其中除背板一般采用3，5，9mm厚的饰面中密度纤维板或胶合板以外，柜体板件多采用18mm厚的同种材料，以便于标准化生产，降低成本。

1.1.1.1 贴面刨花板

刨花板（也称碎料板、微粒板）是利用小径木、木材加工剩余物（板皮、截头、刨花、碎木片、锯屑、稻草等）、采伐剩余物和其他植物性材料加工成一定规格和形态的碎料或刨花，施加一定量胶黏剂，经铺装成型热压而制成的一种板材，如图1-1所示。

定制家具柜体材料一般采用刨花板为基材的三聚氰胺浸渍纸饰面板，这种板材具有优良的理化性能，板材具有性能稳定、硬度高、耐划伤、耐高温、耐酸碱的特点，如图1-2所示。

图1-1 未饰面刨花板

图1-2 饰面刨花板

（1）性能特点

①优点

a. 有良好的吸音和隔音性能；

b. 内部为交叉错落结构的颗粒状，各方向的性能基本相同，结构比较均匀，因此握钉力好，横向承重力好；

c. 防潮性能较强，吸收水分后膨胀系数较小，被普遍用于橱柜、浴室柜等；

d. 刨花板表面平整，纹理逼真，厚度误差小，耐污染，耐老化，美观，可进行油漆和各种贴面；

e. 在生产过程中，刨花板用胶量较小，相对环保一些。

②缺点

a. 内部为颗粒状结构，不易于铣型；

b. 在裁板时容易造成暴齿的现象，所以部分工艺对加工设备要求较高，不宜现场制作。

（2）尺寸规格

刨花板幅面尺寸为1220mm×2440mm，公称厚度为4，6，8，10，12，14，16，18，19，22，25，30mm等，经供需双方协议，可生产其他尺寸的刨花板。

1.1.1.2 贴面中密度纤维板

中密度纤维板是以木质纤维或其他植物纤维为原料，施加脲醛树脂胶或其他合成树脂胶，在加热加压条件下，压制而成的一种板材，如图1-3和图1-4所示。

（1）性能特点

①优点

a. 纤维板表面光滑平整，材质细密，幅面大，可方便造型与铣型，尺寸稳定性好，厚度可在较大范围内变动；

b. 纤维板的韧性较好，在厚度较小（如3mm和6mm）的情况下不易发生断裂；

c. 板面平整、细腻光滑，便于直接胶贴各种饰面材料、涂饰涂料和印刷处理。

②缺点

a. 纤维板防潮性较差，吸收水分后膨胀系数较大；

b. 纤维板内部为粉末状结构，握钉力较差，螺钉旋紧后很容易发生松动；

c. 由于纤维板的强度不高，制作的家具高度不能过高，绝大部分为2100mm；

d. 在生产时，纤维板因其内部结构特性，用胶量较大，环保性差一些。

（2）尺寸规格

中密度纤维板的幅面常用尺寸为1220mm×2440mm等，常用厚度规格为6，8，9，12，15，16，18，19，21，24，25mm等。经供需双方协议，可生产其他尺寸的刨花板。

1.1.1.3 贴面胶合板

胶合板是原木经过旋切或刨切成单板，再按相邻纤维方向互相垂直的原则组成三层或多层（一般为奇数层）板坯，涂胶热压而制成的人造板，如图1-5和图1-6所示。胶合板的最外层单板称为表板，其中在胶合板的正面、材质较好的表板称为面板，反面的表板称为背板；内层单板称为芯板或中板，其中与表板纤维纹理方向相同的芯板称为长芯板，与表板纤

图1-3 未饰面纤维板

图1-4 饰面纤维板

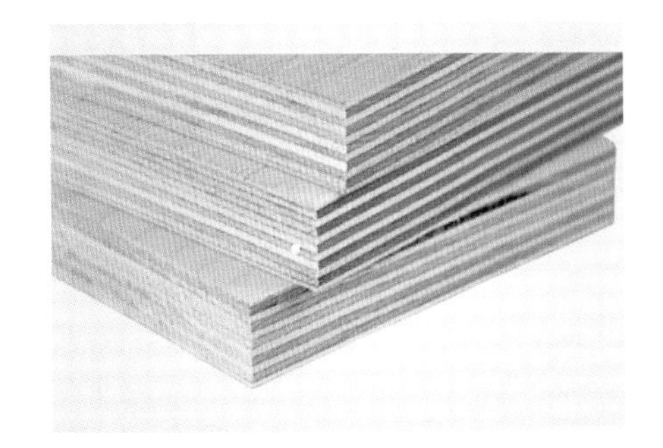

图1-5 未饰面胶合板

维纹理方向垂直的芯板称为短芯板。胶合板常俗称为三夹板、五夹板、七夹板、九夹板或三合板、五合板等。

（1）性能特点

胶合板具有幅面大、厚度小、木纹美观、表面平整、板材纵横向强度均匀、尺寸稳定性好、不易翘曲变形、轻巧坚固、强度高、耐久性较好、耐水性好、易于各种加工等优良特性。

为了尽量消除木材本身的缺点，增强胶合板的特性，胶合板制造时要遵守结构三原则，即对称原则、奇数层原则、层厚原则。因此，胶合板的结构决定了它各个方向的物理力学性能都比较均匀，克服了木材各向异性的天然缺陷。

（2）尺寸规格

胶合板常用幅面尺寸为1220mm×2440mm等，厚度规格主要有2.6，2.7，3，3.5，4，5，5.5，6，7，8mm等（8mm以上以1mm递增）。一般三层胶合板为2.6～6mm，五层胶合板为5～12mm，七至九层胶合板为7～19mm，十一层胶合板为11～30mm等。经供需双方协议，可生产其他尺寸的刨花板。

1.1.1.4 贴面细木工板

细木工板属于一种特殊胶合板。国家标准《GB/T 5849—2016 细木工板》将具有实木板芯的胶合板定义为细木工板，如图1-7和图1-8所示。其板芯分为实体和方格两种。木条在长度和宽度上拼接或不拼接而成的板状材料为实体板芯；而用木条组成的方格子板芯为方格板芯。

（1）性能特点

①优点

a. 细木工板握钉力好，强度高，具有质坚、吸声、绝热等特点，加工简便，用于家具、门窗及套、隔断，用途广泛；

图1-6 饰面胶合板

图1-7 未饰面细木工板

图1-8 饰面细木工板

b. 由于内部为实木条，所以对加工设备的要求不高，方便现场施工。

②缺点

a. 因木工板在生产过程中大量使用脲醛胶，甲醛释放量普遍较高，环保标准普遍偏低，这就是为什么大部分木工板味道刺鼻的原因；

b. 目前市面上大部分木工板生产时偷工减料，在拼接实木条时缝隙较大，板材内部普遍存在空洞，如果在缝隙处打钉，则基本没有握钉力；

c. 木工板内部的实木条为纵向拼接，故竖向的抗弯压强度差，长期受力会导致板材明显的横向变形；

d. 木工板内部的实木条材质不一样，密度大小不一，只经过简单干燥处理，易起翘变形，结构发生扭曲、变形，影响外观及使用效果。

（2）尺寸规格

细木工板常用幅面尺寸为1220mm×1830mm和1220mm×2440mm等。细木工板的厚度为12，14，16，19，22，25mm。经供需双方协议可以生产其他厚度的细木工板。

1.1.1.5 集成材

集成材

集成材是将木材纹理平行的实木板材或板条接长、拼宽、层积胶合形成一定规格尺寸和形状的人造板材或方材，它是利用实木板材或木材加工剩余物板材截头之类的材料，经干燥后，去掉木材缺陷，加工成具有一定端面规格的小木板条，再将这些板条两端加工成指形连接榫，涂胶后一块一块地接长，再次刨光加工后胶拼成一定宽度的板材，最后再根据需要进行厚度方向的层积胶拼。

性能特点：

①小材大用、劣材优用：集成材是由小块料木材在长度、宽度和厚度方向上胶合而成的。做到了小材大用。集成材在制作过程中，可以剔除木材上天然瑕疵以及生长缺陷，因此做到了劣材优用及合理利用木材。

②易于干燥及特殊处理：集成材采用坯料干燥，干燥时木材尺寸较小，相对于大块木材更易于干燥，且干燥均匀，有利于大截面的异型结构木制构件的尺寸稳定。

③尺寸稳定性高，强度比天然木材大：集成材的含水率易于控制，尺寸稳定性高。集成材能保持木材的天然纹理，通过选拼可控制坯料木纤维的通直度，使木构件的安全系数提高。

④能合理利用木材，构件设计自由：集成材可按木材的密度和品级不同，而用于木构件的不同部位。

⑤集成材具有工艺美感，可连续化生产：集成材结构严密，接缝美观，家具若采用木本色涂饰，其整齐有序的接缝暴露在外，便显现出一种强烈的工艺美。

⑥集成材生产投资较大，技术要求较高。

1.1.2 门板材料

门板（含抽屉面板）相当于橱柜、衣柜的“脸面”，通过变换门板的款式、线型、色彩及不同材料所表现出的质感，可以体现出不同的风格。门板基材厚度一般应≥18mm，其尺寸稳定性、防潮性、表面耐磨性及环保性等指标决定了门板的质量和使用寿命。一般门板按其表面装饰方法不同可分为多个系列。

（1）实木门板

实木门板

实木门板是指直接由实木或表面为实木经透明涂饰制成的门板。它具有其他材料无可比拟的天然纹理与质感，是自然与传统的良好体现，但价格始终居高不下，制造工艺要求也较高，所以常作为高档橱柜门板用材。市场上的实木门板一是直接使用实木或指接集成板材制成，二是用18mm厚中密度纤维板加工成门板坯，表面再贴装饰薄木制成，如图1-9所示。

（2）烤漆门板

定制家具中烤漆门板特指基材经机

械加工后表面再进行色漆遮盖涂饰制成的门板，基材一般使用18mm厚中密度纤维板。

烤漆门板表面光洁平整，而且可镂铣各种立体图案，色彩也可任意选择，具有很强的装饰性和视觉冲击力；缺点是不如其他门板耐刮、耐磨，加工工艺复杂，技术要求也较高。烤漆门板如图1-10所示。

（3）吸塑门板

吸塑门板

吸塑门板是由中密度纤维板（或实木）经铣型、基材腻平后采取真空吸塑工艺，用聚氯乙烯（PVC）薄膜将门板完全包吸而成。由于可以多面同时吸塑，完全封闭基材，能有效地阻止水汽侵入及有害气体的散发，而且表面也可以做出各种立体图案，因此被认为是完美的门板材料之一。但这种门板表面耐高温能力较差（一般不超过100℃），加工时需要专门设备，工艺也比较复杂。吸塑门板所用的PVC薄膜厚度一般为0.35~0.50mm，有多种花色供选用，如图1-11所示。

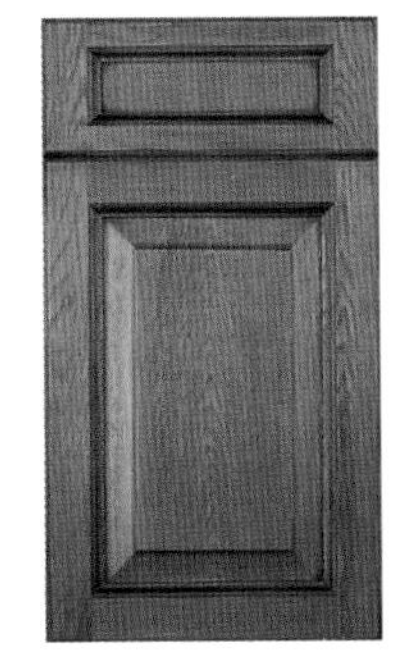

图1-9　实木门板

图1-10　烤漆门板

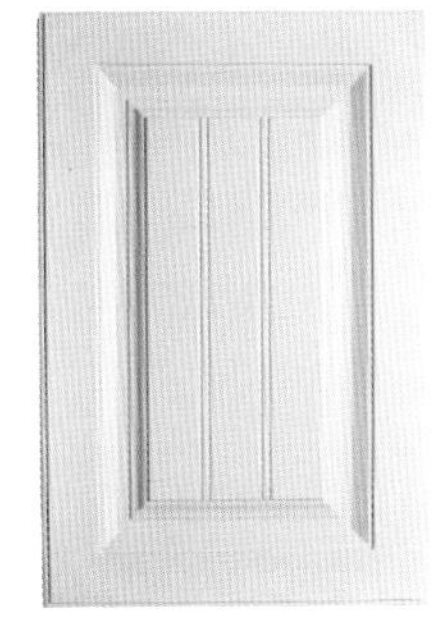

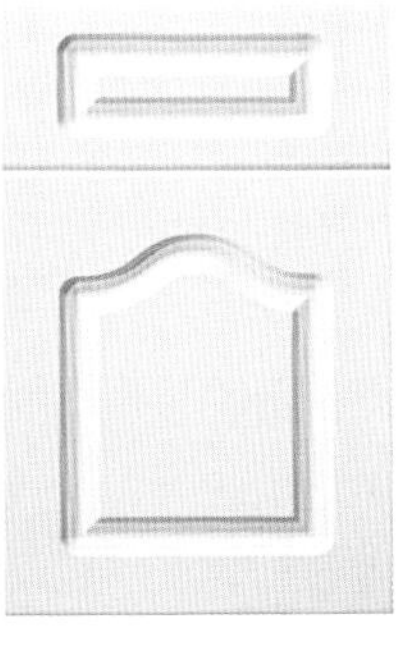
图1-11　吸塑门板

（4）防火板门板

防火板门板

防火板门板指表面用防火板饰面的门板，基材一般为细木工板或刨花板，有平贴和后成型两种形式。前者边部为直边且要做封边处理，后者边部可直接包覆成简单曲线边，这种门板由于表面贴了防火、防污染、耐腐蚀等防火板，所以具有耐磨、耐高温的特性，但其表面无法加工立体图，只能是平面，装饰类型比较单调。防火板门板如图1-12所示。

（5）三聚氰胺门板

三聚氰胺门板以刨花板或者中密度纤维板为基材，表面粘贴三聚氰胺浸渍纸饰面板，经裁切、封边后制成门板。其性能稳定，造价较低，耐磨，耐高温，缺点是只能是平面直边，较为单调，如图1-13所示。

（6）水晶板门板

水晶板门板

水晶板门板是利用有机玻璃板（俗称亚克力）背面喷油墨后压贴在基材表面制成的门板，如图1-14所示。这类门板晶莹剔透，具有很好的美学效果，且价格低廉，制造工艺简单；缺点是不耐划，气候干燥容易开裂、脱胶，表面只能是平面。水晶板门板的基材常用中密度纤维板或细木工板，表面压贴的亚克力板厚度一般为

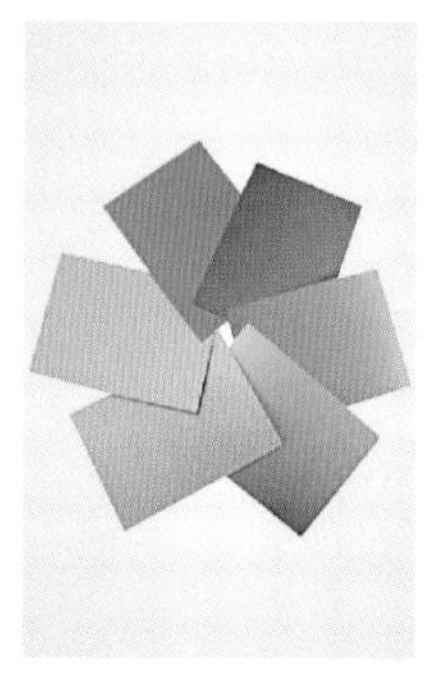
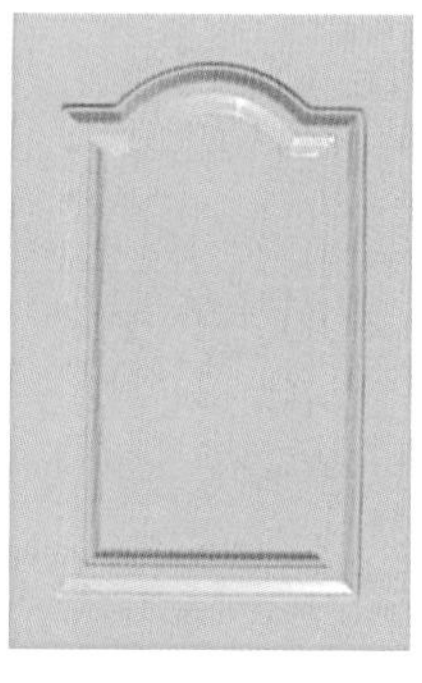

图1-12　防火板门板

图1-13　三聚氰胺门板

图1-14　水晶板门板

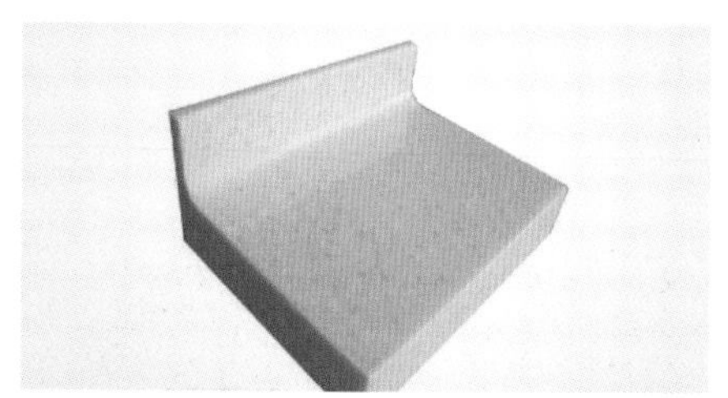

图1-15　人造石台面

1.8~2.0mm。

（7）铝合金型材

目前市面上所有衣柜的边框材料主要有含锌合金钢、铝合金、铝钛合金、镁钛合金、优质彩钢，一般来说含锌合金钢、镁钛合金、铝钛合金强度高，经久耐用，确保柜门不变形。随着国内生产工艺的改良，铝合金边框质量已经完全达到很好的使用要求。而碳钢边框质量轻薄，外观经喷漆处理，易脱漆或氧化生锈。

1.1.3　台面材料

整体橱柜台面主要用于洗涤、准备及烹饪操作。台面材料基本性能要求为防水、耐高温、不渗漏、抗冲击、无污染，可用作整体橱柜台面的材料一般有以下几种。

（1）人造石台面

①树脂人造石台面：由填料、颜料及特种树脂经成型固化、表面处理而成。它具有质量轻、强度大、可塑性强、加工性能良好、能无缝拼接、耐水、耐高温、防渗漏等特点，是橱柜台面的优选材料，也是目前最常用的台面材料，如图1-15所示。目前市场上出售的人造石板材常见规格为2440mm×760mm，厚度有13mm和15mm两种。树脂的作用相当于胶黏剂，它对于产品强度、硬度、耐候性、抗污性及可塑性等起着决定性的作用。

②人造石英石台面：其原料主要有天然石碎料（主要为石英石）、树脂、颜料等。由于这种人造石中石英石含量高达90%以上，所以其硬度极高、耐刮擦能力很强，花色丰富、美观，除无缝拼接性能稍差外，其他性能都大大优于树脂人造石，其价格要高2~5倍，现在已广泛用于高档橱柜台面。

（2）防火板台面

防火板台面是在加工成型的中密度

纤维板（或刨花板）基材上覆贴后成型防火板制成的，如图1-16所示。其造价低廉，耐高温及硬度等性能也基本满足橱柜台面要求。但由于防火板幅面长度的限制，台面长度最长为3000mm，如超过3000mm则必须拼接，因其无法做到无缝拼接，所以接缝影响美观及防水性能，边部线型也不能像人造石一样可任意加工，目前逐渐被人造石台面取代。

（3）不锈钢台面

台面材料

不锈钢是传统的台面材料，材质坚固、光亮，具有现代气息，易于清洗，经久耐用，有较好的耐腐蚀性。但其花色单调，质感冷硬，缺乏亲切感，加工难度也大。酒店、食堂等商用厨房常用不锈钢板制造台面和柜体，如图1-17所示。

图1-16 防火板台面

图1-17 不锈钢台面

1.2 家具功能尺寸设计

家具设计是技术性和艺术性的统一，既要满足人们对环境和审美功能的需求，还要满足人们对其使用功能的要求。家具使用功能设计应该以人体工程学的原理为指导。家具功能尺寸要符合人体尺寸及人体生理特点，从而使所设计的家具达到安全性、舒适性、效率性的要求。

1.2.1 坐具的功能尺寸设计

坐具是人们生活和工作中使用频率最高的家具，座椅是与人的身体接触较密切的家具之一，符合人体工程学的坐具设计可最大限度地减轻身体疲劳，缓解工作压力，提高工作效率。

（1）座高的设计

家具尺寸标准

座高指座面前沿至地面的垂直距离，即座面前缘的高度。座面高度不合理会导致不正确的坐姿，而且容易使人腰部产生疲劳。座高过高，则双脚悬空，使大腿前半部近膝窝处软组织受压，血液循环不畅，肌腱发胀而麻木。座高过低，膝盖拱起，大腿碰不到椅面，体压过于集中在坐骨结节处，时间久了会产生疼痛感；同时人体形成前屈姿态，会增加背部肌肉的负荷，且重心过低会造成起身困难，尤其对老年人来说更为明显。合适的座高应以小腿加足高的第5百分位为设计依据，即：座高=小腿加足高+鞋厚-适当活动余量。

国家标准《GB/T 3326—2016 家具 桌、椅、凳类主要尺寸》规定办公座椅的座高为400~440mm，软面的最大座高为460mm（包括下沉量）。对于用途不同的座椅，其座高要求也不一样。工作用椅座高要比休息用椅高些，且设计成可调节为好，调节范围为350~460mm，以适合不同高度的人的需要；休息用椅（如沙发、躺椅等）高度可略低一些，使腿能向前伸展，靠背后倾，有利于脊椎处于自然状态和放松肌肉，也有助于身体的稳定。沙发的座高一般为360~420mm；凳子因为无靠背，所以腰椎的稳定只能靠凳高来调节，当凳高为400mm时，背部肌肉活动度最大，即最易疲劳，因此凳高应稍高或稍低于此值。

（2）座宽的设计

座宽指座面的水平宽度。座宽根据人的坐姿及动作，往往呈前宽后窄的形状。座面前沿的宽度称座前宽，后沿的宽度称座后宽。座宽应使臀部得到全部支承并有适当的活动余地，便于人体坐姿的变换。根据人体工程学的百分位数的应用原则，合适的座宽应以坐姿臀宽的第95百分位为设计依据，则座宽=坐姿臀宽+穿衣修正量+活动余量。一般座宽不小于380mm，对于扶手椅来说，以扶手内宽作为座宽尺寸，一般不小于460mm。

（3）座深的设计

座深指座面前沿至后沿的距离。座深对坐姿舒适度的影响也很大。如座深过深，超过大腿水平长度，则腰部缺乏支撑而悬空，会加剧腰部肌肉的活动强度而疲劳；同时，还会使膝窝处受压，从而使小腿麻木，且难以起身。如座深过浅，大腿前部悬空，身体前倾，人体重量全部压在小腿上，使小腿很快疲劳。合适的座深应以臀部到膝盖部长度的第5百分位为设计依据，即以小尺寸为设计依据，则座深=坐姿大腿水平长度-座面前沿到膝窝之间的空隙。

国家标准GB/T 3326—2016规定一般座椅的座深为340~480mm。休息用椅因靠背倾角较大，故座深要设计得稍大些，如软体沙发的座深为480~600mm。对于一般工作用椅，其座深应适当浅些，保证人在坐姿工作状态背部可以得到椅背的支撑。

（4）座面曲度的设计

座面曲度指座面表面的凹凸度，它直接影响体压的分布。为了便于调整坐姿，座面最好取平坦形，或者左右方向近乎平直、前后方向微曲，都能使体压分布合理，获得良好的坐感。座面并不适宜挖成类似于臀部的形状，这样很难充分适应各种人的需要，且会妨碍臀部和身体的活动及坐姿的调整。

（5）座面倾角的设计

座面倾角指座面与水平面的夹角。人在休息时，坐姿是后倾的，使腰椎有所承托。因此一般休息用椅的座面都设计成向后倾斜，座面倾角为5°~23°。人在工作时，其腰椎及骨盘处于垂直状态，甚至还有前倾的要求。如果座面向后倾斜，反而增加了人体试图保持重心向前时肌肉和韧带收缩的力度，极易引起疲劳，因此一般工作用椅的座面应在0°~5°为好。

（6）靠背高度的设计

座椅靠背的作用就是要使躯干得到充分的支承。在靠背高度上有腰靠、肩靠和颈靠3个关键支撑点。

腰靠不但可以支承部分体重，而且能保持脊椎的自然“S”形曲线，设置腰靠应低于腰椎上沿（第2~4腰椎处，高度为185~250mm）。肩靠设置应低于肩胛骨下沿（相当于第9胸椎），以肩胛的内角碰不到椅背为宜，高度约为460mm。颈靠设置应高于颈椎点，一般高度为660mm。

无论哪种椅子，如果能同时设置肩靠和腰靠，对舒适便是有利的。工作用椅只需设置腰靠，不需设置肩靠，餐椅和轻休闲用椅需要设置肩靠，以便于腰关节与上肢的自由活动，具有最大的活动范围。休息用椅因肩靠稳定，可以省去腰靠。躺椅则需要增设颈靠来支撑斜仰的头部。

（7）靠背形状的设计

座椅靠背的侧面轮廓除了直线形，更适合用曲线形。按照人体坐姿舒适的曲线来合理确定和设计靠背形状，可以使腰部得到充分的支撑，同时也减轻了肩胛骨的受压。但要注意托腰部（腰靠）的接触面宜宽不宜窄。靠背位于腰靠及肩靠的水平横断面宜略带微曲形，一般肩靠处曲率半径为400~500mm，腰靠处曲率半径为300mm。过于弯曲会使人感到不舒适，易产生疲劳感。靠背宽度一般为350~480mm。

（8）靠背倾角的设计

靠背倾角指靠背与水平面的夹角。倾角越大，休息性越强，但倾角过大会导致起身不方便。休息用椅由于靠背高度增加，故倾角也随之增加，一般为100°~120°。对于工作用椅则应将靠背倾角接近垂直状态，从而增大活动范围，提高工作效率，一般为90°~100°。

（9）扶手的设计

设置扶手是为了支承手臂，减轻双肩与双臂的疲劳，帮助就座和起身。扶手高度应等于坐姿肘高，约为250mm，使整个前臂能自然平放其上。过高会导致耸肩，过低则失去支承作用。扶手倾角可取±（10°~20°）。扶手内宽应稍大于肩宽，一般应不小于480mm，沙发等休息用椅可加大到520~560mm。扶手长以支持至掌心为宜，扶手面宽以小于120mm 为宜。

1.2.2 卧具（床）的功能尺寸设计

人的一天有1/3时间在睡眠中度过，床的舒适性对人的睡眠质量有很大影响。因此床的设计要符合人体工程学设计原则，床的功能尺寸参考表1-1。

床类尺寸标准

表 1-1　床的设计尺寸

床长/mm		床宽/mm		床高/mm	
双屏	单屏			放置床垫	不放置床垫
1920 1970 2020 2120	1900 1950 2000 2100	单人床	900 1000 1100 1200	240~280	400~440
		双人床	1500 1800		

（1）床长的设计

床的长度指两头床屏板或床架内的距离。合适的床长应以身高的第95百分位为设计依据，即：床长=身高+头前余量（75mm）+脚下余量（75mm）。

床长的设计要考虑到人在躺下时的肢体伸展，所以要比实际站立的尺寸长一点，再加上头顶和脚下要留出部分空间，所以床的长度要比人体的最大高度要多一些。国家标准《GB/T 3328—2016家具　床类主要尺寸》规定，成人用床的床面净长一般为2000mm，对于宾馆的公用床，一般脚部不设床架或床屏，便于特高人体的客人加脚凳使用。

（2）床宽的设计

床的宽窄直接影响人的睡眠质量。实验表明，睡窄床比睡宽床的翻身次数减少。当床宽小于500mm时，人的睡眠翻身次数减少约30%，这是由于担心翻身会掉下来的心理，睡眠深度受到明显影响。床宽尺度多以仰卧姿势做基准，单人床床宽，通常为仰卧时人肩宽（W）的2~2.5倍，即单人床宽=（2~2.5）W；双人床床宽，通常为仰卧时人肩宽的3~4倍，即双人床宽=（3~4）W。通常单人床宽度不小于800mm，双人床宽度为1500mm和1800mm。

（3）床高的设计

床高指床面距地面的垂直高度，一般与座椅的座高一致，使床同时兼具坐、卧功能。另外，还要考虑到人的穿衣、穿鞋等动作，一般床高在400~500mm。双层床的层间净高必须保证下铺使用者在就寝和起床时有足够的动作空间，但又不能过高，过高会造成上铺使用者上下的不便及上层空间的不足。国家标准GB/T 3328—2016规定，双层床的底床面离地面高度不大于420mm，层间净高不小于980mm。

（4）床屏的设计

床屏与人体接触时，受力点主要分布在腰、背、颈、头这些部位，因此床屏第一支承点为腰部，腰部到臀部的距离是230~250mm。第二支承点是背部，背部到臀部的距离是500~600mm。第三支承点是头部。

床屏的高度一般设计为920~1020mm。当床屏倾角达到110° 时，人体倚靠是最舒适的。床屏的长度是由床宽来决定的，还与床头柜的结合方式有关。

（5）床头柜的设计

床头柜是床的附属产品，是床的功能的延伸。床头柜的基本尺寸主要是指柜高、柜宽、柜深，柜高一般与床同高，根据造型需要也可稍高于或低于床高，柜宽一般为400~600mm，柜深一般为300~450mm。

1.2.3 凭倚类家具（桌台）的功能尺寸设计

凭倚类家具指与人体活动有密切关系，人们工作和生活所必需的辅助性家具，可分为坐式用桌和站式用桌（一般称为台），如写字桌、餐桌、讲台、货柜台等，其主要功能是适应人在坐、立状态下，进行各种操作活动，取得相应舒适而方便的辅助条件，并兼作放置或储存物品之用。

1.2.3.1 桌面高度的设计

桌面高度与人体动作时肌体的形状及疲劳有密切的关系。经实验测试，过高的桌子容易造成脊柱的侧弯和眼睛的近视等，从而降低工作效率。另外，桌面过高还会引起耸肩和肘低于桌面等不正确姿势，从而导致肌肉紧张，引发疲劳；桌面过低也会使人体脊椎弯曲扩大，造成驼背、腹部受压，妨碍呼吸运动和血液循环等，背肌的紧张也易引发疲劳。

（1）坐式用桌

坐式用桌桌面高度应由人体的功能尺寸与座椅的功能尺寸共同确定，合理的设计方法是应先有座椅座高，然后再加上桌面和座椅座面的高差，即：桌高=座高+桌椅面高差。

桌椅面高差是一个非常重要的尺寸，是根据人体测量尺寸和实际功能要求来确定的，一般取坐姿时上身高度的1/3。国家标准GB/T 3326—2016中规定桌椅面高差为250~320mm，规定桌面高度为680~760mm，级差为10mm。在实际设计桌面高度时，要根据不同的使用特点酌情增减。

（2）站式用桌

站式用桌台面高度是根据人站立时自然屈臂的肘高来确定的。一般以低于人体肘高50~100mm为宜。按照我国人体尺寸的平均水平推算，工作台面高度为910~960mm为宜。此外，台面高度还与作业性质有着密切的关系。作业性质不同，台面高度也应不同，必须具体分析各种作业特点，以确定最佳作业面高度。

对于精密作业，如绘图等，作业面高度应上升至肘高以上50~100mm，以适应人眼观察的距离，同时，给肘关节一定的支撑，从而减轻背部肌肉的静态负荷；对于一般性作业，如果台面上需要放置工具、材料等，则台面高度应降低至肘高以下100~150mm；对于负荷性作业，如果需要借助于身体的重量来进行操作，则台面高度应降低至肘高以下150~400mm。

1.2.3.2 桌面尺寸的设计

（1）坐式用桌

桌面尺寸应以坐姿时手可达到的水平工作范围为基本依据，并考虑桌面上可能置放物的性质及尺寸大小。如果是多功能或工作时需配备其他物品时，还要在桌面上加设附加装置。国家标准GB/T 3326—2016规定：双柜写字桌宽1200~2400mm，深600~1200mm；单柜写字桌宽900~1500mm，深500~750mm；宽度级差为100mm，深度级差为50mm。对于餐桌、会议桌之类的家具，桌面尺寸应以人均占桌周边长为准进行设计。一般人均占桌周边长为550~580mm，较舒适的长度为600~750mm。

（2）站式用桌

站式用桌台面尺寸主要由所需的表

面尺寸、表面放置物品状况及室内空间和布置形式而定，针对不同的使用功能进行专门的设计。

1.2.3.3 桌面倾角的设计

对于课桌、绘图桌等坐式用桌，桌面最好应有约15°的倾斜，能使人获取舒适的视域。因为当视线向下倾斜60°时，则视线与倾斜的桌面接近90°，图文在视网膜上的清晰度高，既便于书写，又使身体保持较为正常的姿势，减少了弯腰与低头的动作，从而减轻了背部肌肉紧张和疲劳现象。但在倾斜的桌面上除了书籍、薄本等物品外，其他物品就不易陈放了。

1.2.3.4 桌下空间的设计

（1）桌下净空（容膝空间）

为保证坐姿时下肢能在桌下放置或活动，桌下应设计容膝空间。桌面下的净空高度应高于双腿交叉时的膝高，并使膝部有一定的上下活动余地。如有抽屉的桌子，抽屉不能做得太厚，桌面至抽屉底的距离不应超过桌椅面高差的1/2，即120~160mm。国家标准GB/T 3326—2016规定桌下空间净高大于580mm，净宽大于520mm。

（2）台下净空（置足空间）

台面下部不需要留出容膝空间，通常可作为收纳物品的柜体来处理。但工作台的底部需要有置足空间，以便于人靠近工作台时着力动作之需。一般置足空间高度为80mm，深度为50~100mm。

1.2.4 储存类家具（柜架）的功能尺寸设计

储存类家具又称储藏类家具，与人体产生间接关系，起着储存物品和兼作空间分隔的作用。根据存放物品的不同，可分为柜类和架类两种。柜类主要有衣柜、书柜、酒柜等，架类主要有书架、陈列架、衣帽架等。

柜类尺寸标准

储存类家具的功能设计必须考虑到人与物两方面的关系。一方面要求储存空间划分合理，方便人们存取物品，有利于减少人体疲劳；另一方面要求储存方式合理，储存数量充足，满足不同物品存放的要求。

（1）存取空间与人体尺度

为了确定柜、架的高度及其存取空间，首先必须了解人体所能及的动作范围。储存类家具的高度，根据人存取物品的方便程度，划分为3个区域：第一区域为从地面至人站立时手臂下垂指尖的垂直距离，即650mm以下的区域。该区域存取不便，人必须蹲下操作，一般存放较重而不常用的物品（如箱子、鞋子等杂物）。第二区域为以人肩为轴，上肢半径活动的垂直范围，即650~1850mm。该区域是存取物品最方便、使用频率最多的区域，也是人的视线最易看到的视域，一般存放常用的物品（如应季衣物和日常生活用品等）。若需扩大储存空间，节约占地面积，则可设置第三区域，即1850mm以上区域（超高空间），一般存放较轻的过季性物品（如棉被、棉衣等）。

在上述第一和第二储存区域内，根据人体动作范围及储存物品的种类，可以设置搁板、抽屉、挂衣棍等。在设置搁板时，搁板的深度和间距除考虑物品存放方式及物品的尺寸外，还需要考虑人的视线，搁板间距越大，人的视线越好，但空间浪费较多。

（2）存取空间与物品尺寸

储存类家具除了考虑与人体尺度的关系外还要考虑存放物品的种类、尺寸、数量与存放方式。柜架类家具的深度和宽度由存放物品的种类、尺寸、数量、存放方式以及室内空间的布局等确定，一定程度上还取决于板材尺寸的合理裁割与家具设计的系列化、模数化。

衣柜柜体宽度常用800mm为基本单元，衣柜深度为550~600mm，挂衣空间高度长外衣大于1350mm，短外衣900mm，挂裤子700~800mm。

储存类家具品种丰富，物品和形式

各异，对储存类家具只能分门别类地确定合理的设计尺度范围，根据不同环境的使用要求，进一步细化储存空间的划分及功能尺寸设计。

定制家具设计是生活方式设计，设计师要具备良好的职业素养和较高的职业技能。美好生活的创造不只是停留在画纸上，只有内心崇尚劳动，热爱劳动，对生活有热情、有追求的人，才能为客户创造出美好的设计。

思考与练习

1. 简述定制家具中符合绿色环保要求的柜体人造板材料的国家标准参数。
2. 简述门板材料种类与性能。
3. 简述办公座椅设计主要功能尺寸。
4. 简述衣柜内部空间与人体尺度关系。

2 客户接待与谈单

知识目标：了解接待客户过程中的服务礼仪；掌握不同性格客户的接待方法和技巧；掌握量尺沟通过程中的沟通技巧及成交技巧。

能力目标：能够分析不同性格客户的消费心理，采用不同方式接待客户；能够通过沟通获取客户基本信息，深层挖掘客户需求；能够在设计交流后完成报价，合理处理客户异议。

思政目标：通过学习使学生具备爱岗敬业、耐心细致、顾客为上的服务意识和劳动精神，在工作中收获进步、收获成果、收获快乐，建立对职业岗位的自信心。

定制设计师不仅要具备扎实的专业基础、卓越的设计能力，还必须具备与客户沟通的能力，签单是否成功很大程度上取决于设计师与客户的沟通是否成功，签单的艺术就是沟通的艺术。设计师必须学会用自己的信心来激励客户，用自己良好的状态来感染客户，积极引导客户，说服客户，善于塑造自己产品的价值。设计师要想提高自己的签单率，一个重要的工作就是提高自己的沟通水平，通过交流了解客户信息及个性需求，只有通过与用户的沟通和交流，才能达到共识，完成订单确认。

2.1 设计师店面接待

店面接待是成交的重要因素，首先设计师要注意自身的形象，一定要给客户一种值得信赖、专业的感觉，其次设计师要注意交流方法，一定要分析总结出一套合适的方法，包括如何提问、如何引导客户等，最后设计师要注意如何获得客户信赖，通过细节处理，了解客户需求，最终获得量尺机会。

2.1.1 仪容仪表

心态决定状态，礼仪则决定形态，既是外在表现的礼貌，更是发自内心的恭敬。礼仪就是人们在社交活动或者沟通服务中的行为规范和要求。良好的个人形象，大方得体的言行举止，恭敬有礼的良好态度，是一个优秀设计师应具备的礼仪规范，同样是人与人的相处之道，是交流感情和沟通服务的重要准则。

仪容仪表

仪容仪表是设计师对个人的容貌、服饰着装、卫生的要求，主要展示个人外在形象和精神面貌，在店面的第一印象是影响客户购买家具的因素之一，因此设计师的仪容规范尤为重要。

（1）发型发式

头发是人体的制高点，很能吸引客户的注意力，所以在选择发型发式时，要考虑与脸型、身材、发质、发色、服饰等相适应、协调。发型发式的基本要求包括以下几点：

①长度适宜：定期理发、护理头发，发型长短要与脸型适应协调；男设计师不准留怪异发型，不得留长发、大鬓角，发型前不遮眼、后不过领、两侧不盖耳，以非常清新的形象出现在客户面前；女设计师头发不宜长于肩部，不宜挡住眼睛，长发者应将头发盘成发髻，并在规定位置别上统一发饰。

②发型整洁：发型看上去经过精心打理，要求整齐；男设计师头发不得有睡觉压过、风吹过的痕迹；女设计师应处理碎发。

③头发干净：短发需每天清洗，长发根据情况勤清洗；头发确保不出油、无头皮屑、不干燥、无分叉等，平时要学会护理。

④颜色合适：男设计师不宜染发，女设计师染发切忌夸张颜色，可选择深色，增加皮肤白皙度。

（2）面部修饰

脸部是交流的重点关注区，面容修饰的基本要求包括以下几点：

①干净清洁：勤护肤，拒绝干燥、黑头等；勤检查，拒绝眼耳口残留物；勤修理，拒绝鼻毛、胡须等。

②男设计师不要求化妆，而女设计师则应化淡妆，不准浓妆艳抹，离奇出众，切忌使用香味很浓的化妆品。化妆的总体要求是庄重、淡雅、简洁、避短和适度。

（3）服饰着装

“服装不能造就出完人，但是第一印象的80%来自于着装。”因此，对于家居设计师来说，要有效地推介自己，进而成功销售家具，掌握一定的着装技能和规范是非常必要的。服饰着装的基本要求包括以下几点：

①统一着装：按公司规定统一着装，包括丝巾、丝袜、领带等，佩戴企业标牌、工号。男士着装，上身：标准工装，打领带，并佩戴工牌，流程胸章（衬衣要扎在裤子里）；下身：黑色西裤，黑色皮带（不要用过于夸张的皮带扣），黑色皮鞋，黑色袜子。女士着装，上身：标准工装，长发扎马尾，并佩戴工牌和流程胸章（衬衣要扎在裤子或者裙子里）；下身：单鞋或平底鞋（外出量尺），黑色高跟鞋（在公司），肉色或黑色袜子（冬天）。

②干净整洁：衣服、鞋经常检查，袜子、衬衫每天换洗，检查鞋子是否光亮如新，衬衫是否有污渍，丝袜是否有破洞，西服是否有褶皱。口袋里不要装过多的东西。

（4）配饰及其他

设计师仪容仪表除上述要求外，还需注意饰品及手部细节，具体要求如下：

①饰品简洁大方：饰品不是设计师的必需品，适当佩戴可以增添魅力，忌讳夸张饰品，忌讳过于杂乱，忌讳夸张的耳环、耳坠，注意饰品颜色不超过两种，饰品不要超过三件。

②手部：忌讳长指甲，忌讳指甲颜色鲜艳，忌讳手部干燥，忌讳指甲有脏物。

2.1.2 服务距离

设计师在家具销售过程中还应注意与客户保持一定的距离，这样让客户感觉更舒适，更有利于促进家具销售，服务距离一般分为5种类型。

服务距离

（1）接待距离

接待距离是设计师与客户最常见的距离。一般情况下，接待距离以0.5~1.5m为宜。具体还应根据服务时方便客户的具体情况而定。另外，还要保证“3s3m”的原则，即距离客户3m之内，看见客户3s后必须做出反应，为家具销售做准备。

（2）展示距离

展示距离是设计师在客户面前介绍家具时，为便于客户对家具有更直观、更充分、更细致的了解而应保持的距离，一般展示距离以1~3m为宜。

（3）引导距离

引导距离是设计师为客户带路，引导客户看家具时彼此双方之间的距离，按惯例，设计师在客户左前方1.5m左右为宜。

（4）等候距离

等候距离是设计师在客户尚未呼唤自己，或者客户拒绝设计师服务时，所需与客户自觉保持的距离，正常情况下，应当在3m以外，只要客户视线所及即可。

（5）禁忌距离

禁忌距离是设计师在家居卖场与客户之间应当避免出现的距离。按惯例小于0.5m的距离就认为是禁忌距离。因为这种距离多见于双方关系极亲密者，只要不是特殊情况，设计师一般不要与客户出现这种距离。

2.1.3 销售设计工具

必备工具

工欲善其事，必先利其器。设计师想要在接待过程中给客户留下好的第一印象，提升自己的专业性，就需要在接待前准备好必备的工具。

（1）名片

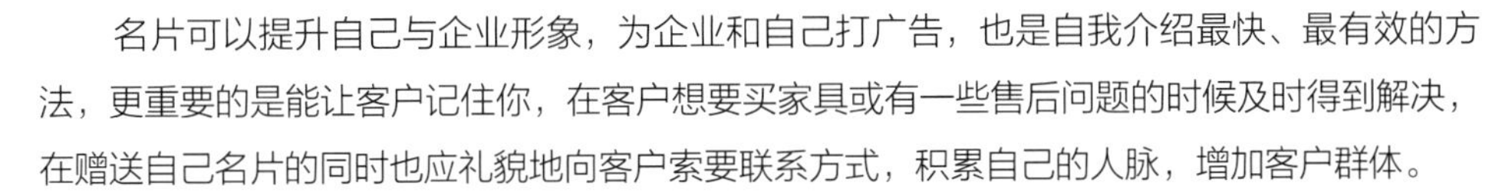

名片可以提升自己与企业形象，为企业和自己打广告，也是自我介绍最快、最有效的方法，更重要的是能让客户记住你，在客户想要买家具或有一些售后问题的时候及时得到解决，在赠送自己名片的同时也应礼貌地向客户索要联系方式，积累自己的人脉，增加客户群体。

（2）卷尺

卷尺是每个销售和设计师必备的工具，在与客户沟通过程中可以准确地说出家具的尺寸，也可以让客户亲自去测量，去感受企业对家具细节之处的注重，更重要的是可以根据客户家的尺寸进行合理的搭配，直观地展现其搭配效果。让客户买的是家具，也是服务。

（3）平板电脑

平板电脑是一个非常好的销售道具，在我们沟通时应用可以更好地提升客户感受，让客户可以更快、更好地了解公司和产品风格，最终挑选出最中意的产品。平板电脑除了展示产品外，还可以给小朋友们玩游戏，也有利于拉近与客户之间的距离，方便销售。

（4）计算器

为客户选中的家具做好报价是非常重要的，比我们自己更有说服力。客户不仅可以直接看到价格，还可以自己复核验算。

（5）量尺意向申请表

在与客户沟通交流过程中，了解客户基本信息，记录客户有意向购买的家具，更好地为客户做好产品配置规划，填写预约量尺申请表，确保及时为客户安排量尺。量尺意向申请表案例见表2-1。

（6）产品册、样品板

产品宣传册可以充分展现企业的设计理念、对品质的追求以及对居家空间的布置，找出最符合客户的设计，相对于口头描述产品，产品册可以给予设计师在与客户的交流过程中最直观的产品介绍。制作精美的产品册，可以方便客户接受信息，一目了然，直接引起客户的注意和情感反应。

（7）赠品、小礼品

赠品简而言之就是以较低的代价或免费向客户提供的物品，以刺激其购买特定的产品。主要是为在与客户沟通的过程中更方便签单，或在客户签单后与客户拉近距离，以便鼓励客户重复购买。

除此之外，还要准备一些食品、饮品、儿童玩具等。这些小物件的准备，也能满足不同人群的需求，从而让其有时间或心情去听你讲解家具，为自己方便，也为客户舒心。

表 2-1 量尺意向申请表

量尺意向申请表
客户姓名： 性别：□男 □女
客户年龄：□20～30岁 □30～40岁 □40～50岁 □50～60岁 □60岁以上
手机： 邮箱：
地址：
量尺房间：□全部 □厨房 □主卧 □书房 □老人房 □客房 □客厅 □玄关
量尺日期：从________月________日到________月________日
具体时间：□10～12点 □12～15点 □15～18点 □18～20点
装修阶段：□准备装修 □正在装修 □已经装修
户型：□洋房 □复式 □别墅（□精装房 □毛坯房 □旧房改造）
面积：□80m^2以下 □80～100m^2 □100～120m^2 □120～150m^2 □150m^2以上
计划入住时间：□2周内 □1个月内 □2个月内 □3个月内 □3个月以后
家庭人员：________口人 儿子/女儿：________个________岁 老人：________个________岁
购买预算：□1万元以下 □1万～2万元 □2万～3万元 □3万～5万元 □5万～10万元 □10万元以上
准备购买产品：□橱柜 □装饰柜 □鞋柜 □书桌 □梳妆台 □电视柜 □餐边柜 □茶几 □间厅柜 □斗柜 □衣柜________个 □书柜________个
喜欢的样柜（图册编号）：
客户偏好（如颜色、功能件、特殊要求等）：
注意事项（客户忌讳、不喜欢的、时间要求等）：
导购员： 设计师： 交接时间： 年 月 日

2.1.4 接待服务礼仪

接待过程中的仪态极为重要，这是设计师的一项基本素质。仪态对客户的影响占50%以上，设计师的仪态一旦给客户形成良好的印象，必定会为家具购买创造很好的氛围，并奠定基础。仪态是通过言行举止等肢体语言来展现个人的内涵、风度和气质。

接待服务礼仪

（1）站立姿势

①男性站姿：抬头挺胸，双脚大约与肩同宽，重心落于脚中间，双脚平行打开，双手握于小腹前，肩膀放松，体现阳刚之美。

②女性站姿：丁字步站立，双手合并置于腹部，双脚要靠拢，膝盖打直，双手握于腹前，体现稳重和柔美。

（2）行走姿势

①男士：抬头挺胸，步履稳健、自信。

②女士：背脊挺直，双脚平行前进，步履轻柔自然，避免做作。

（3）就座姿势

①男性坐姿：一般从椅子的左侧入座，紧靠椅背，挺直端正，不要前倾或后仰，双手舒展或轻握于膝盖上，双脚平行，间隔一个拳头的距离，大腿与小腿成90°。如坐在深而软的沙发上，应坐在沙发前端，不要仰靠沙发。忌讳：二郎腿、脱鞋、把脚放到自己的桌椅上或架到别人桌椅上。

②女性坐姿：双脚交叉或并拢，双手轻放于膝盖上，嘴微闭，面带微笑，两眼凝视说话对象。

（4）鞠躬姿势

①与客户交错而过时，面带微笑，行15°鞠躬礼，头和身体自然前倾，低头比抬头慢。

②接送客户时，行30°鞠躬礼。

③初见或感谢客户时，行45°鞠躬礼。

（5）动作指引

进入展厅前，门口应该做标准指引动作，微欠身表示尊重。在逛展厅的时候，注意指引动作，勿用手指指引，步伐保持和客户一致，勿站在样板与客户之间，应站在另一侧，方便客户触摸和观赏展厅家具。送客户时应送到展厅门口，并微笑与客户说再见，切记对未成交的客户也应如此，提高客户舒适感受。

2.1.5 接待技巧

接待客户的工作是一个全面、综合的过程，在这个过程中又可以细分为微笑接待、赞美接待、行动接待、空间接待四个方面的工作。

（1）微笑接待

在与客户沟通过程中，面带微笑无疑是最有效的"润滑剂"。它可以在最短的时间内缩短与客户的距离，使客户严肃的面容变得温和，紧张的表情变得松弛，从而迅速攻破客户的心理防线，赢得客户的认同和好感。

设计师无声，用微笑的眼神表示欢迎，视客户需求决定前进与否。

（2）赞美接待

真诚地赞美客户，是与客户缩短距离、获得客户好感最有效的方法之一。在实际生活中，每个客户都会有一些引以为傲和自豪的事，希望为人所知、受人称赞。一旦我们满足了客户这种渴望被赞美的心理，你会发现，赞美的力量是无穷的。当和客户寒暄过后，身旁的一切都可以成为赞美的话题。

赞美必须是真诚的、发自内心的，不能给人虚伪的感觉。真正高明的赞美不是阿谀奉承，而是一种语言艺术，它包括了心理、艺术、审美、人情、礼俗诸方面的因素。赞美要自然、大方，使对方能欣然接纳而不负疚、不难堪。也就是说，赞美必须掌握分寸、看准火候、通情达理，好似做一篇文章，需要起承转合，有情景、有描绘、有感想，圆润温和，自然成趣。

具体而不抽象，与其说："您的女儿长得真漂亮！"不如说："您的女儿长得真漂亮！尤其那双眼睛像妈妈。"赞美不仅仅用语言，有时给客户投以赞许的目光、做一个夸奖的手势也能收到意想不到的效果。

（3）行动接待

行动接待就是当客户来到店里，我们让客户更愿意在店里选购家具所采取的行动。

当客户转累了时，马上请客户坐在沙发或者椅子上；在客户咳嗽时，端来一杯温水；当客户表示自己先看时，走开一些，整理自己桌面的饰品或者沙发的坐垫，给客户留出浏览家具的时间与空间；当客户用语言或非语言向你明示或者暗示需要帮助的时候，设计师应该立即来到客户身边。

（4）空间接待

空间接待就是指设计师在销售过程中应合理安排与客户相处的位置。相处的位置恰当，有利于沟通并营造和谐的气氛；相处的位置不恰当，会给沟通造成障碍。

一般与客户相处的空间位置可分为"理性空间""恐怖空间""情感空间"。"理性空间"适合特别正规的商务谈判，"情感空间"适合朋友之间的一般性交谈，"恐怖空间"容易使人紧张，产生不信任的感觉，不适合沟通。设计师在销售过程中应更多地利用情感空间与客户进行沟通。

2.1.6 客户消费心理分析

多去揣摩客户的心理，在接待、沟通和谈单中准确把握客户的心理，是成功接近客户、领会客户需求从而引导客户签单的关键。设计师要对不同类型的客户有清醒的认识，所谓“对症下药”就是这个道理。在家具销售接待的过程中我们如何应对这些客户？需要运用什么样的策略呢？以下是针对不同类型客户的不同策略和销售技巧。

（1）理智型客户

理智型客户一般坚持自己的需求，购买目的明确，注重细节、品质、服务。设计师在沟通时要注意言辞果断，获取信任，慢慢引导，深入了解内心需求，达到销售目的。针对理智型客户，设计师的着眼点应在产品，提供强有力的数据，用事实说明产品的独到之处，强调价值（比如工艺）和附加值，要符合其价值观念。

（2）挑剔型客户

挑剔型客户喜欢进行各种对比，打压价格以获得打折。

针对挑剔型客户：首先设计师要职业化，情绪要平和，做到句句有理；在细节上扩展自己产品的优势；与其他品牌家具进行优势对比，但不要贬低其他品牌的家具；帮助客户识别细微之处，如接角处的工艺处理、家具颜色是否均匀一致、转弯处的花纹是否间断、产品背面的做工是否精细等。

（3）经济型客户

经济型客户实在、平民化，经济能力有限，有预算和计划性。针对经济型客户，设计师要为客户推荐物超所值、实用性强的产品，强调性价比；设计师应替客户省钱，强调附加值（促销、赠品），难得的特价和促销活动。

（4）摇摆不定型客户

摇摆不定型客户哪个店都会去，还要求实惠，挑选时间周期长，需求不明确。针对摇摆不定型客户，设计师要替客户拿主意，不要给他过多的选择，给他一个主导方向；仔细聆听，了解客户户型装修情况及需求，语气坚定，站在客户的立场去考虑问题，让其感受到设计师是真正为其考虑的；跟他多聊天，了解其需求，给他合理的建议。

2.2 设计师量尺沟通

客户的家是销售的第二“战场”，其价值和重要性甚至超过了店面。前期在店面接待做好产品的讲解，也仅限于产品知识，而设计方面的专业技能就需要在量尺现场跟客户的沟通才能彰显，所以量尺现场的核心不在于量尺本身，而在于沟通和包装，量尺的价值只有通过包装和沟通才能实现。在量尺沟通过程中，设计师要给客户专业、规范的感觉，沟通是建立基本信任的第一途径，设计师在首次上门量尺时就要找准客户的需求，知道客户需要什么，并且现场与客户达成共识，确定基本方案，同时，量尺的专业性也很重要。

2.2.1 量尺沟通流程

量尺沟通流程可分为量尺前、量尺中和量尺后。量尺前要做好准备工作，包括预测量方案制作、和客户确认量尺时间、敲门前的准备工作等；量尺中要做好沟通工作，通过沟通深层挖掘客户需求；量尺后做好确认工作，并邀约客户进店看方案时间。

测量流程

2.2.1.1 量尺前准备

（1）制作预测量方案

根据量尺意向表相关内容（预约量尺时间、地点、客户名称、客户信息等）和户型图（客户未提供的话，设计师自己通过各种途径搜集客户户型图），在测量前准备预测量方案，用于在测量现场与客户进行沟通，让客户觉得设计师有充分的准备，同时展示设计师和公司的专业性。一般预测量方案常选择客、餐厅或者主卧，因为这两个空间一般是可以确定的，其他空间需根据客户需求确定。

（2）确认量尺时间

①电话确认：量尺前一天电话跟客户确认量尺时间、地点及接待人（有话语权），并做好记录，以便于联系。

②发送短信：电话确定后一定要为客户发送一条短信提醒，以免客户忘记约定的量尺时间。

③量尺当天出门前电话联系客户，告知客户已出门，大概什么时间到。

情况1：准时到达，提前1h提醒客户。

*先生您好，我是今天给您家上门测量的***设计师，我现在已经出发去您家的路上，预计11：00可以准时到达，您本人今天在现场吧？

情况2：不能准时到达，至少提前30min~1h给客户打电话。

*先生您好，我是今天给您家上门测量的***设计师，实在不好意思，上一家测量耽误了时间，我可能要晚30min，预计12：00到，非常抱歉给您带来不便。

如遇到客户延迟量尺，马上确定客户希望的量尺时间，并提前做好安排。当时间产生冲突无法调配的时候，不要拒绝客户，可告知客户公司会为其重新分配设计师，并马上联系分配客服，并请客服同事重新分配。

（3）敲门前准备

①检查所带的量尺工具是否齐全。

②检查个人形象、精神面貌、工牌佩戴等情况，并准备好名片、鞋套等。

2.2.1.2 量尺中沟通

（1）入门寒暄

①自我介绍：入门寒暄第一步就是自我介绍，简短的自我介绍后双手递送名片，并注意面带微笑，注视对方，双臂自然伸出，四指并拢，用双手的拇指和食指分别持握名片上端的两角送给对方，名片正面朝上，文字内容正对对方。

②进门赞美：简单自我介绍后，进门后主动与屋内的其他成员打招呼，同时换上鞋套，然后通过赞美客户、房子等方式加强与客户的互动，拉近距离。

（2）量尺沟通

正式沟通过程中，先确认客户想购买哪些产品，哪个空间做什么内容，确定产品摆放的位置，通过一连串问题及沟通，绘制平面布置手稿，手稿要具体、专业，便于跟客户沟通，在具体空间位置记录具体要求，还可以快速推算出方案的合理性，然后从大小、结构、功能、造型等方面重新对上述所说过的家具做详细的沟通和挖掘。在跟客户沟通的过程中，要一边沟通一边把客户的要求及重点记录下来：忌讳什么、喜欢什么、不喜欢什么。最后跟客户确认刚才所确定的方案及内容，以免理解有误。如现场无法给出理想的平面布置方案或客户对你的现场方案不满意的时候，可以这样说："我回去再详细帮您好好考虑一下，根据您的要求，再给您出一个考虑比较周全的、更好的方案。"同时，引导客户购买其他产品，即引导其他空间量尺设计，让小单变大单，提高成交金额。如我们公司最近搞活动，凡是在店里购买任何一款产品，我们都可以免费为客户做全屋的效果解决方案。

在量尺中还要注意公司图册的运用。第一，可以通过图册了解客户想要的整体风格，您的房子大概想做成什么样的风格？是古典沉稳一点，还是现代简约一些？我这里带了一些资料，您可以选择一下我们产品风格，看一看喜欢哪一款？第二，在设计师量尺过程中提供给客户，增加客户对企业的了解。我先去量一下具体的尺寸，可能需要半个小时左右，这里有一些资料和我们的产品风格您可以先了解一下（拿出图册给客户选择）。

量尺时根据客户时间决定量尺顺序。如果客户不赶时间，先跟客户沟通每个空间的需求和想法，在沟通后再去量尺会比较好，第一可以很快地跟客户拉近彼此之间的距离，并且能在量尺的时候让客户看看资料，增加客户对企业的了解。如果客户赶时间，先量尺后再跟客户沟通主要内容，如需要设计的家具，要尽量和客户多沟通。

2.2.1.3 量尺后邀约

量完尺寸后，带客户到量尺的每一个空间，复述客户需求，然后请客户签字确认他的需求，并预约客户进店看方案的时间，进店时间越具体越好。量尺后设计师要明确量尺后目标只是进店，后期通过方案、服务、产品等提高客户体验，让客户买单。

量尺后不要刻意主动问客户预算，可通过收集、了解客户的职业、楼盘大小、价位、客户生活质量、穿着等细节后自行判断方案预算。如客户主动问到需要费用时，设计师尽量婉转引导进店一同看方案及报价，即转移话题到邀约进店时间上。

2.2.2 量尺沟通内容

量尺沟通中，量尺时间不是关键，主要是跟客户沟通的内容。掌握的细节越多，做出来的方案就会越贴合客户需求，一次通过率自然就会高。作为一个设计师，需要保证方案的一次通过率，否则就是浪费时间。通常全屋量房一般在15min左右，大多数时间都是在跟客户交流需求。因此，设计师想做好量尺工作，深层挖掘客户需求，就要掌握量尺时各个空间的沟通内容。

（1）主卧沟通内容

①确认客户想购买哪些产品或在这空间内要布些什么家具及功能，除了放床及衣柜，还想考虑放些什么（床、衣柜、床头柜、梳妆台、低柜、电视柜、斗柜、书台、书柜、沙发、茶几、休闲椅、床尾凳、其他）。

卧室量尺沟通

②确认床头位置

a. 床靠在哪面墙。

b. 是靠墙摆放还是摆放中间（必要时解释下两种摆放的特点）。

c. 摆多大的床（1.5，1.8，2.0m）。

③确认衣柜位置

a. 衣柜放在什么位置。

b. 做什么形状的衣柜（直线型、L型、U型、衣帽间等）。

④确认是否有电视组合的位置

a. 电视插口的位置。

b. 电视组合柜跟梳妆台结合还是梳妆台跟床一起。从而定出梳妆台的位置，在手稿上绘上。

⑤确认是否还有其他功能布置考虑。除了以上客户说的，还想做些什么吗？比如说增加一些斗柜、装饰柜、储物柜，或考虑有休闲区、休闲椅之类等。

⑥再具体从大小、结构、功能、造型等方面重新对刚才所说过的床、衣柜、电视组合柜等做详细的沟通及挖掘。如衣柜是做纯板的还是做钢架的，是做掩门还是趟门的等。

⑦通过图册、预测量方案等引导客户，确定风格、材料、色调。

（2）儿童房沟通内容

①确认小孩是男孩还是女孩，小孩多大。

②确认客户想购买哪些产品或在这空间内要布置些什么家具及功能。

③确认床头的位置。

④确认衣柜的位置。

⑤确认书柜、书桌的位置。

⑥确认是否还有其他功能布置考虑。除了以上客户说的，还想做些什么吗？比如增加一些装饰柜、玩具储物柜，或考虑有小孩活动区之类等。

⑦再具体从大小、结构、功能、造型等方面重新对刚才所说过的床、书桌、书柜、储物柜，活动区之类等做详细的沟通及挖掘。

⑧通过图册、预测量方案等引导客户，确定风格、材料、色调。

（3）书房沟通内容

①确认客户想购买哪些产品或在这空间内要布些什么家具及功能。

②确认书桌的位置及类型，直桌、转角桌、独立直桌、独立角位桌。

③确认书柜的位置。

书房量尺沟通

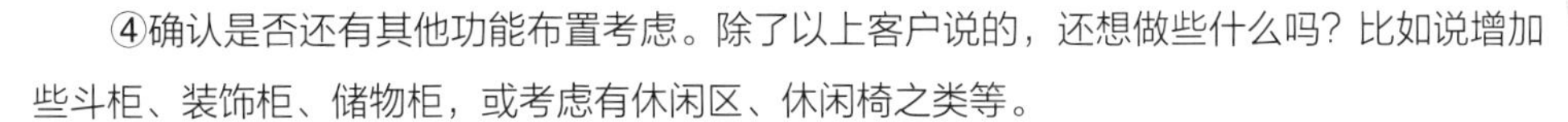

④确认是否还有其他功能布置考虑。除了以上客户说的，还想做些什么吗？比如说增加些斗柜、装饰柜、储物柜，或考虑有休闲区、休闲椅之类等。

⑤再具体从大小、结构、功能、造型等方面重新对刚才所说过的书桌、书柜、斗柜、装饰柜、储物柜、休闲椅等做详细的沟通及挖掘。

⑥通过图册、预测量方案等引导客户，确定风格、材料、色调。

（4）客厅沟通内容

①确认客厅是否有其他使用功能要求，如聚餐、娱乐、聊天。

②确认客户想购买哪些产品或在这空间内要布置些什么家具及功能。

③确认玄关位置鞋柜的做法，是否做隔断柜。

④确认餐厅餐边柜和酒柜样式、家里一般几个人就餐。

⑤确认电视柜位置，电视多大、空调是柜式还是挂式、电视墙是否要贴墙纸。

⑥确认沙发位置、沙发样式、茶几样式。确认是否还有其他功能布置考虑。除了以上客户说的，还想做些什么吗？

⑦再具体从大小、结构、功能、造型等方面重新对刚才所说过的鞋柜、餐边柜、酒柜、电视柜之类等做详细的沟通及挖掘。

⑧通过图册、预测量方案等引导客户，确定风格、材料、色调。

（5）厨房沟通内容

①确认厨房准备放置哪些电器，如电冰箱、微波炉、烤箱、燃气灶、抽油烟机、电磁炉、电烤箱、热水器、电饭锅、消毒柜、粉碎机、洗衣机或其他电器。

②确认客户想要厨房样式，如一字型、L型、U型；确认厨房是否为开放式厨房。

③确认已购电器设备厂家、规格。

④确认厨房地柜、吊柜、中高柜功能区划分。

⑤确认厨房内是否放餐桌、冰箱等。

⑥确认家里生活习惯，如平时家里多少人吃饭？主要是谁在做饭？喜欢清淡还是爆炒的菜式？平时有没有做些小吃或者甜品？习惯左手还是右手炒菜？

⑦确认是否还有其他功能布置考虑。除了以上客户说的，还想做些什么吗？

⑧再具体从大小、结构、功能、造型等方面重新对刚才所说过的橱柜做详细的沟通及挖掘。

⑨通过图册、预测量方案等引导客户，确定风格、材料、色调。

2.2.3 沟通技巧

同样的客户、同样的沟通内容，不同的设计师所获取的客户需求是不同的，有些设计师只知道客户想做什么，并不知道客户为什么要做，做成什么样子，这些都要求设计师必须掌握一定的沟通技巧，要想抓住客户，“谈成一笔大单”，就要掌握一些技巧，这里的技巧不是营销战术，也不是专业技能，而是一种心理战术，一种能够打动客户的“攻心计”。

（1）学会聆听客户

①发问后鼓励客户多说。例如：客户就某个问题说了一部分时，设计师就可以接着说：“还有呢?”或者“具体来说是什么样的呢?”

②积极倾听，用眼神与客户进行交流，从客户表情和眼神中觉察到细微的变化。还可以用非语言方式体现出来，比如身体前倾、直接面对说话的人、点头微笑、定期的反应，比如“是的”“我明白”等鼓励客户继续说下去。

③客户说话时，永远不要打断。

④对客户的观点不否定。

⑤努力记住客户的话。

⑥若有不清楚的地方最好有礼貌地请客户再讲一遍。

⑦适时用简短的语言反馈以验证你对信息的理解。

（2）主动引导客户

①问简单的问题：设计师主观上想了解客户对家具的需求，也问了很多问题，可是客户不知道怎么回答，反而越问越糊涂。

②多问回答为“是”的问题：在沟通的过程中，可以问些回答为“是”的问题，客户会觉得设计师提出的问题是为他着想，就更愿意和设计师说出他的需求。例如：给孩子买家具安全性是最重要的，您说是吧? 您的孩子还小，沙发的颜色应该选深一点儿的，耐脏一些，您说是吧?

③问“二选一”的问题：在对客户有了一定的了解后，根据情况可问一些二选一的问题，限定谈话的范围，避免节外生枝。例如：衣柜门您喜欢双开的还是滑轨的? 您的书柜选这个深色的还是那个浅色的?

④不连续发问：发问时，原则上不应该连续发问，问了一个问题后应等客户回答，并根据客户的回答来做针对性的推荐。

（3）与客户拉近距离

在与客户沟通过程中，设计师要重视客户反馈，站在客户的角度，不要盲目否定客户的想法，对客户自己而言，他每一个想法都是科学的、正确的、完美的、考虑很周到的，所以设计师轻易否定客户的想法，就形成与客户对立的局面，设计师应当多赞成客户的想法，多说“对”，而不要多说“错”或“不对”。

一切从客户自身的角度去回答，让“客户自己”来说服自己。当客户对一套好的方案或好的材料犹豫时，以客户自己的角度去想象“美好的生活”“……那样多好啊”“……还真不错”。当客户想用一些便宜材料的时候，以客户自身的角度去想一些比较不利的事情，“要是……那就麻烦了”“要是……对孩子成长就不太有利了”等。

（4）获取客户的整体预算

可通过了解客户的职业、楼盘大小、价位、客户生活质量、穿着等细节后自行判断方案预算，不要刻意主动问客户预算。

（5）与客户建立平等的关系

和客户所处的位置一致，以客户自己作为沟通的主体，站在客户的角度与客户对话，而尽量不要与客户站在对立的层面。

2.2.4 沟通话题

量尺沟通过程中除了要体现设计师的专业，还要学会和客户拉近距离，获得客户的信赖，这也是签单的关键，只有客户信任我们，才会相信我们的设计。因此，量尺中如何拉近与客户的关系变得尤为重要，下面针对不同客户，总结了不同的沟通话题。

（1）与女客户沟通的话题

①您身材这么好，有什么瘦身秘方吗？

②您皮肤这么好，有什么保养秘方吗？

③最近蔬菜涨价很厉害啊！

④听说某商场正在搞促销，过去看了吗？

⑤最近一部电视剧很好看，您看了吗？

⑥听说**要来开演唱会，去不去看呀？

⑦听说了今年中国首富是个26岁的女孩吗？

（2）与男客户沟通的话题

①最近看中国足球队的比赛了吗？

②您太太有什么美容秘诀呀，那么年轻？

③您和太太在一个单位吗？

④最近有个车展过去看了吗？

⑤最近这物价纷纷上涨啊！

（3）与年轻客户沟通的话题

①您们打算什么时候要孩子啊？

②您孩子现在在哪上学呀？

③您们单位一周休息几天呢？

④周末一般参加什么活动吗？

⑤您有没有打算自己创业呢？

⑥现在要创业还真不容易啊？

（4）与老年客户沟通的话题

①您们年轻的时候都吃了不少苦吧？

②您年轻时候，都做过哪些工作啊？

③您有几个孩子？都做什么工作呢？

④您孩子经常回来看您吗？

⑤您现在还出去参加什么老年活动吗？

⑥您对年轻人做人处事有什么指导的吗？

⑦您年轻时都去过哪里啊？

（5）与外地客户沟通的话题

①您们老家现在发展也不错呀。

②您们老家说话是不是和我们这里不同啊？

③您们那边有什么特色小吃吗？

④从这到您老家有多远啊？

⑤您每年都回一趟老家吗？

⑥您父母现在和您们一起住吗？

（6）与儿童客户沟通的话题

①你今年上几年级了？

②现在老师布置的作业多不多呀？

③平时喜欢看什么类型的节目呀？

④平时上爷爷奶奶家去吗？

⑤暑（寒）假上哪里去玩了？

⑥新房子你喜不喜欢呀？

⑦你喜欢什么类型的玩具呢？

2.3 设计方案交流及谈单

设计方案交流过程中要充分体现设计师对客户的尊重和重视，尊重客户的审美观点和兴趣爱好，对客户的反馈要及时予以确定，要对客户予以足够的关心，关心客户最好的方式就是站在他的立场思考问题，对他所关心的问题予以认真对待，从客户所关心的价格、设计、质量、环保、过程的角度，帮他想到最好的解决方案、解决办法。同时，赢得客户的喜欢，说客户喜欢听的话，满足客户的心理需求。设计师还要善于为客户造梦，为客户营造一个美好的家庭之梦。

2.3.1 设计方案交流、谈单流程

设计方案交流和谈单过程中，设计师首先要做好客户进店前的准备工作，包括方案设计过程中与客户的中期电话沟通、方案设计完成后电话邀约客户进店，同时要做好设计方案交流前的资料准备；其次设计师要呈现设计方案，方案无异议后设计师要讲解报价，可以通过活动包装完成；然后解除客户提出的成交异议，最终促成订单。

2.3.1.1 进店前准备

（1）设计方案交流前电话沟通

①方案中期电话沟通：客户从量尺到进店看方案，需要较长的时间周期。为加强客户对设计师和品牌的影响和信任，设计师需在看方案前及时致电客户，让客户加深印象和认可度。

②电话邀约进店：方案设计完成后打电话邀约客户进店，确定具体进店看方案时间。在电话邀约客户前，先发一条信息到客户手机，以示尊重客户，首次邀约务必在电话里沟通清楚客户到店看方案的具体时间，以做好安排。

（2）设计方案交流前资料准备

①检查自身形象：保持标准着装及精神面貌。

②方案资料准备：PPT方案汇总中涉及的各个空间效果图、平面布局图、家具立面图、内部结构图等。

③谈单工具准备：笔、量尺本、活动宣传单、卷尺、计算器、电脑等。

④提前沟通：与协谈主管或陪同量尺人提前沟通好客户情况及到店时间，方便后期协助。

⑤报价表：包括每个单独空间报价明细表和总报价表。

2.3.1.2 进店后方案呈现

（1）方案讲解

①公司简介和自我介绍：控制在5min以内，最好是一句带过，抓住重点，切忌过多展开来讲，否则会让客户感觉很啰嗦。自我介绍要进行简单包装，可以介绍设计师自身获得的奖项，或者可以制作作品集，从而展示设计师的专业性。

②平面布局讲解：对照量尺本讲解房间结构 → 重复现场要求和客户需求 → 产品布局 → 讲述这个布局2~3个好处。回顾客户空间需求时，单空间客户，设计师应先回顾客户空间需求再进行后续工作；多空间客户，设计师应采取回顾一个空间讲解一个空间的思路，以避免全部回顾后客户产生阶段性遗忘。

a. 卧室空间在展示平面图时注意将空间划分不同区域，细致说明。整个卧室一般可分为5个区域：睡

眠区、梳理区、收纳区、储物区、休闲区。睡眠区：床布局的地方，用于休息睡觉。梳理区：梳妆台布局的地方，用于化妆梳理，整理仪容。收纳区：衣柜布局的地方，用于收拾存放衣服。储物区：储物柜、电视柜等布局地方，用于存放物品、装饰品等。休闲区：飘窗、休闲椅、按摩椅等布局区域，用于休闲娱乐等。各个区域相对独立又相互交融，让有限空间得到最大的发挥。

b. 厨房空间展示平面图时重点突出操作流程，如根据现场跟您沟通及您的使用习惯，厨房布局是***。

③效果图讲解：看总体图 → 讲解拍摄角度 → 风格选择（讲解为什么适合客户）→ 具体效果图 → 结合尺寸讲解各个功能点（讲解为什么适合客户，每个产品至少3点以上）。

a. 展示效果图时结合方案，讲完空间风格，空间感觉之后，就要开始阐述设计理念，为什么要这样设计，这样设计有什么用，结合生活和专业来阐述。这样才不会让人感觉柜子就是柜子，客户来店里要的是设计感，而不是纯粹买柜子，所以设计师要通过这种方式来呈现设计。

b. 方案呈现时还需注意如何将配饰产品结合起来，不会让客户觉得设计师一味在加东西，而是真心实意从效果出发才这么设计的。将客户所提到的问题进行详细记录，并且向客户简单复述。并告诉客户：如果没有问题，那我们看看下面的空间好吗?

（2）方案讲解注意事项

①方案讲解完毕后或者是每讲完一个空间时，切记不要多次去问客户对方案有没有问题或者方案需不需要修改。因为这些话会让客户去联想或者去思考方案有没有问题，特别是比较纠结的客户，就会反复纠结于方案。其实设计没有最好、最完美的，只有最适合的，所以一定要避开这些字眼，或者可以这样说：我们这个空间就讲完了，我们看下一个空间可以吗?

②讲解效果图时不要跟客户介绍一些不重要的东西，如衣柜里面的结构，可在线框图时再讲解。

③要将自己所设计产品的尺寸熟记心中，绝对不能有模糊或者不清楚的情况，否则会严重影响客户对设计师的信任。

④讲解方案时，不要过多谈论价格或者尝试去跟客户确定一个准确的价格，可以引导客户说：待会儿我们再看具体的价格，先看完方案。

⑤初次进店客户方案讲解建议最好保持在3h内。要懂得引导和掌控客户，如果方案讲解的时间过长，会让客户感觉疲劳，不利于客户满意和最终成交。

⑥讲解方案时，在尊重客户想法和要求的前提下，要有主动引导客户的能力。但是如果客户坚持2次以上提出修改意见，且要求合理，可按照客户要求记录并修改。减少现场长时间方案修改，除非满足以下条件：修改内容非常明确，设计师软件熟练，修改内容不多，时间较短，客户下单意向较明确。

2.3.1.3 报价讲解、活动包装

报价流程：先看各个空间的价格表（顺序应同PPT方案的空间顺序相同）→ 详细讲解各类价格表的第一个价格表（其他快速带过）→ 再看总价表 → 拿出活动宣传单按照优惠内容逐步讲解并计算优惠 → 默认成交（推荐：我去帮您准备合同？您今天是刷卡还是扫码支付?）

完成全部方案呈现工作后，询问客户是否可以开始报价，得到客户同意后，打开准备好的报价表，设计师应当重新报价给客户，以保持该报价的真实性和可靠性，设计师应当分空间进行报价，随后将所有空间价格相加，用总价呈现给客户。同时，设计师应当告知客户此价格为原价，然后设计师利用公司统一折扣给客户进行计价。报价时营造放松的氛围很重要，不要紧逼客户。

单独空间报价表中每个空间产品列举越详细越好，列得越多，客户感觉东西多，价格不贵，视觉上吸引客户。

根据客户家里装修情况，先为客户选好适合的配饰产品，并在报价表上列出价格信息，客户进店时一同介绍配饰产品，促使小单变大单。总报价表里，同时要将方案中客户定制产品和配饰产品分开

合计，因为折扣不一样，而且合计总价要注上原价合计，平时优惠合计和活动优惠合计，让客户直观地看出本场活动的优惠差额，更容易吸引客户买单。

2.3.1.4 异议处理

当客户提出某种反对意见的时候，这代表客户确实想要你的产品。没有任何反对意见的客户，一般是不会购买的。设计师还需要知道的是，一个客户提出的反对意见一般不会超过6个。如果设计师能够把各种反对意见归纳出来，并做出完备的应对方案，当客户提出反对意见的时候，把这些抗拒点一一解除就是一件轻而易举的事情了。以下是设计师经常遇到的反对意见：

①“别家产品和你们差不多，但是更便宜。”

②“不要说那么多了，你们最低多少钱？”

③“这个价格算下来超出我的预算了。”

④“你们的交货期太长了。”

⑤“我已打算订购另外一家的产品了。”

⑥“我太太比较喜欢B品牌。”“老公不同意。”

⑦“如果你能送我一张床垫的话，我马上就买。”

⑧“现在房子还没开始装修，可买可不买，不着急。”

⑨“如果有特价我就要。”

⑩“都说你们卖家具的利润很高。”

⑪“这些证书并不能真正证明你的产品就是好的。”

⑫“听说你们的售后服务不好。”

⑬“父母不喜欢这种。”“父母不让我买这种。”

解除客户反对意见的五个步骤：

第一步骤：表达同理心。

“陈先生，我明白您的意思。”“有些客户一样也会这样想。”

第二步骤：提问找原因。

“您说太贵，是与别家相比还是？”

第三步骤：根据客户回答进行反对意见的解除。

“我知道了，您是说和B品牌相比，我们的产品贵了一些，我理解您的想法，因为每个人都希望能够买到最实惠的产品，对吗？”

“对您来说，您是情愿使用更环保、品质更高的产品呢，还是情愿使用价格低一些但不能让您放心的产品？”

“长远来说，我相信健康和安心的生活对您来说更重要，多投资一点点在家人的健康和幸福上面，其实是很值得的。”

第四步骤：确定对方的想法。

“您认为是这样的吗？”“您也有相同的观点，对吗？”

第五步骤：尝试促成。

“相信您这样选择是不会错的，如果今天订货的话，两个星期以后您就可以把这么好的家具搬回家了。”

2.3.1.5 成交后收尾

（1）告知客户后续流程

详细确定下次跟进时间，并明确后期跟进服务流程，确保客户做到心中有数。

①未量尺客户：尽快确定量尺时间，越早越好。

②已量尺未出方案客户：接下来我们的团队会在4天内将您的方案做出来，通过设计总监的审核后，我会提前预约您进店看方案。您这周三上午可以吗？

③已签合同客户：这周四去您家复尺可以吗？复尺完毕修改细节后会约您到店面确定最终方案，确定完后就可以下单生产了。复尺前可以和家人沟通清楚，如果方案需要调整的，可以复尺时告知，我在复尺后会为您统一修改好方案。

（2）离店时礼仪

客户离店时设计师必做三件事：温馨提醒客户带好随身物品；亲自送客户到门口，握手告别；与客户握手告别后，不要马上转身离去，应目送客人远去。

2.3.2 促进成交的技巧

促进成交就如同足球比赛中的“临门一脚”，但“射门”是一回事，球进不进门又是一回事，做到“射门后球进门”才是所有设计师追求的结果。

2.3.2.1 直接成交法

直接成交法也叫直接请求购买成交法，就是在向客户推荐产品后，向客户提出购买的要求。例如：李先生，这套客厅家具共×××元，和我去收银台交款吧。

直接成交法

直接成交法根据请求的技巧还可以细分成选择成交法、部分成交法、填写合同成交法、至尊成交法、化整为零法等。

（1）选择成交法

给客户提出两种商品选择，让客户任选一种成交。

例如：王小姐，我们这套沙发06#和08#颜色都适合您家的风格，现在就看您个人更喜欢哪个颜色，您今天确定下来，我们月底就可以为您送货了。

（2）部分成交法

当客户已经确定我们成套家具的大部分，只剩一小部分还在犹豫时，设计师可以建议客户把定下来的那部分先买单，余下的回去考虑后再决定。

例如：陈女士，您确定不了这款床垫您先生会不会喜欢，那今天就先把床和床头柜定下来吧，等您先生有时间您再领他一起过来专门挑选床垫。

（3）填写合同成交法

看到客户已经选定我们的家具了，填写合同，写好后交给客户签字。

（4）至尊成交法

例如：张先生，您住在那么好的别墅里面，只有这套家具才配得上，其他的我都不好意思向您推荐。

（5）化整为零法

因为买家具基本都是大件消费，动辄上万元是很普通的，客户一下子拿出这么多钱难免有些犹豫，设计师可以把一次性的价格分解到每一天，客户也就不觉得特别多了。

例如：一张5000元的床垫，我们一般的保修都是10年，那每年相当于只花500元，每月只花40多元，每天只花一元多。

2.3.2.2 客户利益法

客户购买的是一种利益和感觉，只要能够满足他们所需要的内在感觉，那么任何人都愿意花钱去购买东西。设计师着重强调产品能给客户带来的作用促成交易就是客户利益法。

客户利益法

客户利益法可以细分为快乐加大法、痛苦加大法、产品说话法等。

（1）快乐加大法

客户使用家具一定会从中获得很多

享受、很多快乐的，设计师在客户成交前可以把客户使用这个家具后得到的快乐提前描述给客户，客户提前了解拥有这套家具的种种利益，购买决心就容易下了。

例如：赵小姐，您看这个衣柜这么大，可以挂很多衣服，您出门前，打开衣柜，挑选今天您想穿的，那该多开心啊！

（2）痛苦加大法

这个方法与快乐加大法正好相反，需要设计师描述的是客户没有这个家具后的种种生活中的不便，促使客户想立即拥有。

例如：赵小姐，您那么多衣服，没有这么大一个衣柜挂起来，叠在一起放起来很容易起皱的。

（3）产品说话法

产品说话法就是让客户再感受产品的特有功能，让产品本身说服购买。

例如：客户赵小姐一直担心销售给她的床垫不是最适合她的，那我们完全可以让床垫自己说话。方法是，让客户再试一试推荐给她的床垫，然后给客户找一张各方面相差很大（比原来软很多或者比原来硬很多）的床垫试一试，最后再回到我们推荐的床垫上，客户经过对比自然知道哪张最适合她了。

2.3.2.3 请人帮助法

请人帮助法就是设计师在说服客户购买的时候，请其他人一起帮助说服的方法。请人帮助法可以细分为店长助阵法、同事配合法、朋友帮助法等。

请人帮助法

（1）店长助阵法

利用客户比较相信资深人员的特点，在客户有些怀疑的时候，请来店长帮忙说服客户的方法。

例如：宋姐，这套家具是我们这个月最畅销的，这个月我都开了好几单了，还有别人开的呢，我们店长最清楚全店开了多少单了，我叫她过来和您说说看。

（2）同事配合法

就是在一个设计师说服客户比较不生动的情况下，导购可以主动过来配合，一唱一和说服客户的方法。

（3）朋友帮助法

这里所说的朋友是指客户的朋友，也就是和客户同来帮助挑选家具的人。因为不是自己买家具，没有那么担心，所以这样的人一般都是比较理智的，只要我们的产品适合他的朋友，设计师又是真诚的，他们会帮助客户下决心签单的。

2.3.2.4 借力成交法

借力成交法就是借助外部环境的刺激，促成客户签单的方法。借力成交法还可细分为从众成交法、证据成交法、机不可失成交法、名人效应成交法。

（1）从众成交法

从众心理是人类固有的社会心理现象，指个人受到外界人群行为的影响，而在自己的知觉、判断、认识上表现出符合于公众舆论或多数人的行为方式。通常情况下，多数人的意见往往是对的。从众服从多数，一般是不错的。在销售中，设计师可以借助多数人的认可说服客户。

从众成交法

例如：这款家具是我们这个月卖得最好的，这就是运用了从众成交法。

（2）证据成交法

证据成交法是指在客户怀疑家具的质量等问题时，设计师需要拿出有关公司实力或者质量认证的证明，借助这些证据说服客户。

（3）机不可失成交法

机不可失成交法是指当促销快要结束的时候，提醒客户现在不买，以后能买到的机会就不多了，促使客户迅速下定决心的方法。

机不可失成交法

例如：冯小姐，今天是5月3日了，是我们五一促销的最后一天了，过了今天就没有这么低的折扣了，今天就定下来吧。

（4）名人效应成交法

当名人做家具的代言人时，利用名人影响客户实现购买。

例如：曹小姐，您看我们的家具是由***代言的，他家里的家具都用的是我们公司的产品，您选的餐桌和他们家的一样，您等于和明星用同样的桌子吃饭了。

所有的设计都是为人服务的，设计的核心是在满足客户需求的同时，发现客户不曾意识到的潜在需求，并用作品表现出来，满足客户对美好生活的追求。通过学习使学生具备爱岗敬业、耐心细致、顾客为上的服务意识和劳动精神。通过客户的认可感受劳动快乐，在平凡的岗位上努力工作，用劳动创造幸福生活。

思考与练习

1. 设计师接待客户时，应该具备的服务意识体现有哪些方面？
2. 在接待客户过程中，可以运用哪些接待技巧？
3. 在接待客户过程中如何分析不同性格客户心理？
4. 量尺沟通流程是什么？需要注意什么？
5. 不同空间量尺沟通内容是什么？
6. 量尺沟通技巧是什么？
7. 设计师应掌握哪些促进成交的技巧？
8. 设计师方案讲解流程是什么？
9. 不同客户提出的不同成交异议，设计师应如何解除？

3 房屋测量

知识目标：了解房屋现场测量流程和步骤；掌握各种量尺工具的使用方法和测量技巧；掌握各种测量方法及障碍物的测量技巧；掌握测量图绘制和尺寸标注。

能力目标：能够根据测量需求合理选择测量工具，确定测量范围，完成房屋测量；能够灵活应用不同的测量方法完成尺寸测量；能够准确进行测量图绘制和尺寸标注。

思政目标：通过房屋测量的实操演练，培养学生追求卓越的敬业奉献精神、精益求精的品质精神、用户至上的服务精神。

房屋测量是全屋定制设计关键的第一步，测量数据的准确性直接影响定制家具设计和安装效果，甚至影响客户使用的舒适度和满意度。房屋测量首先是根据客户需求、户型特点、装修风格等要求确定测量范围，其次测量房屋内基本尺寸（长、宽、高）、门窗、障碍物等尺寸和位置相关数据，为全屋定制设计提供准确、科学的依据。

3.1 房屋测量基础知识

房屋测量一般有两种情况，毛坯房测量和精装房测量。毛坯房测量：房屋地面、墙面及天花板等都未进行任何装修，测量房间内尺寸。一般初次测量并不精准，设计师也只能完成初步方案设计，后期设计师还需要在水电、地面、墙面等装修完成后进行两次复尺，获取精准的设计数据，完成方案设计、投产，并安装。精装房测量：房屋已完成硬装，设计师可以直接现场测量准确尺寸，但为了保证测量数据的准确性，也要反复测量核对数据，保证准确无误，然后完成方案设计、投产，并安装。

测量基本要素

3.1.1 测量工具

设计师进行房屋测量前，需要准备测量工具，包括：卷尺、直角尺、三角板、工况图、两种颜色中性笔、铅笔、橡皮擦、写字垫板、美工刀、计算器、平板电脑、数码相机、鞋套、测距仪、水平仪等工具。在现场测量时，需要熟练掌握工具使用方法，正确测量数据，测量工具的功能如下：

量尺工具

①卷尺：5.0~7.5m，刻度清晰，卷尺完好，观察量程、零刻度线和最小刻度值，如图3-1所示。测量数字使用的单位为毫米，即用mm表示，读取数字精确到1mm；测量宽度时，卷尺应水平拉直；测量高度时，卷尺应拉垂直；读数的时候，视线要垂直。

②直角尺、三角板：利用直角尺或三角板的直角，配合卷尺测量墙角的夹角，如图3-2所示。

③粉笔：用来在房屋墙面上标注一些特殊的尺寸、备注文字等。

④中性笔：主要用来记录测量数据、绘制测量图等。

⑤工况图：工况图帮助设计师与客户沟通平面布局、动线设计等，帮助设计师了解施工情况，快速绘制测量图。

⑥测距仪：卷尺无法完成测量的位置，如跨度较长、较高的尺寸，可以使用测距仪测量尺寸，同时也可以配合卷尺完成复尺。测距仪如图3-3所示。

⑦水平仪：可以准确在房间地面、墙面上标记垂直线、水平线，配合卷尺测量地面、墙面平整度。水平仪如图3-4所示。

⑧平板电脑：储存不同风格全屋定制设计方案，例如：卧室、书房、厨房等空间的效果图、空间布局图等，为客户提供参考。

3.1.2 房屋测量工作流程

测量前，设计师在门店已完成与客户初次沟通，首先了解客户的基本情况，包括客户家庭成员情况（姓名、职务、年龄、性格爱好）、家庭成员工作情况（时间、类型）；其次装修房屋基本情况，包括小区位置、楼层、户型、装修风格等内容，最后约定现场量房的时间；掌握客户基本信息为房屋测量、方案设计收集背景资料，便于高效、准确地完成符合客户需求的设计方案。案例前后对比如图3-5所示。

量尺前的准备

（1）初次测量工作流程

预约客户→准备测量工具、客户信

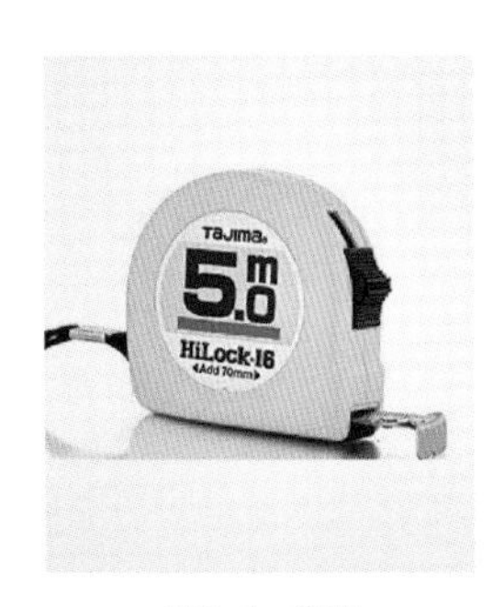

图3-1 卷尺

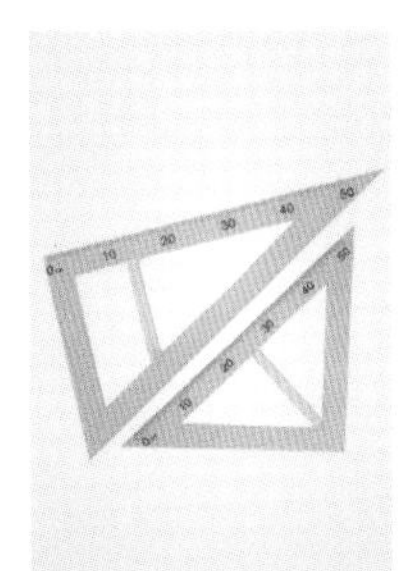
图3-2 三角板

图3-3 测距仪

图3-4 水平仪

图3-5 厨房装修前后对比图

息资料→明确交通路线→自我介绍→设计咨询→绘制测量图→测量并记录数据→咨询客户对产品设计要求→核对测量数据并拍照→初步设计方案。

①预约客户：测量前，设计师与客户约定具体会面时间（一般提前一天），并询问客户家的基本装修情况（包括墙面、天花、地板等情况），核对客户装修房屋地址以及客户会面时长，以免耽误客户时间。

②设计师职业形象：按照企业规定，设计师应身着统一工作服，保持工作服干净、整洁，并注意个人卫生和形象，佩戴上岗证，工作态度严谨认真，谦和有礼。

③准备测量工具及资料：检查测量工具有无破损缺失，确保测量工具的精度和准确度；准备与客户相似户型的全屋定制设计方案，为客户提供参考；准备客户装修设计需求调查表帮助设计师梳理、归纳设计中容易遗漏、忽略的细节；准备公司图册、活动宣传册等资料，帮助客户了解企业产品种类、风格等信息。

④客户装修设计需求调查

a. 询问客户需要设计哪些空间，哪些家具产品，根据客户需求确定量尺范围，具体可以参照表3-1。

表3-1　客户信息确认表

客户信息确认表	
客户姓名：	客户电话：
客户地址：	
面积：	初测日期：
设计风格：	家具种类：
生活习惯：	
1. 墙面垂直度与地面的平整度是否符合安装要求：　□ 是　□ 否 2. 窗套、窗台、门套安装位置是否足够：　□ 是　□ 否 3. 床头、墙面开关插座是否足够：　□ 是　□ 否 4. 开关插座位置关系是否影响柜体尺寸：　□ 是　□ 否 5. 房间是否设计背景墙，是否影响柜体尺寸：　□ 是　□ 否 6. 地面铺装是否完成：　□ 是　□ 否 7. 房间内是否有梁柱影响柜体尺寸：　□ 是　□ 否 8. 石膏线的位置是否影响柜体尺寸：　□ 是　□ 否 9. 出风口和检修口是否影响柜体尺寸：　□ 是　□ 否 10. 射灯、吸顶灯是否影响柜门开启：　□ 是　□ 否 11. 地面铺装：　□ 实木地板　□ 瓷砖　□ 实木复合地板 12. 踢脚线类型：　□ 瓷砖　□ 塑料　□＿＿＿＿	
客户确认签名	

b. 沟通客户喜欢的设计风格、色彩搭配、生活习惯等。

c. 沟通卧室、客厅、书房、厨房等空间平面布局，例如：卧室中衣柜、床、床头柜、梳妆台的位置、类型等；橱柜的类型和布局，参考表3-2。

d. 沟通客户特殊需求以及忌讳，例如：次卧或书房是否设计榻榻米，餐厅是否设计酒柜等。

e. 确认客户设计预算，通过沟通室内设计和装修工况，可以预测客户设计预算。

f. 告知客户及时与设计师沟通装修进度，避免后期设计遗漏、出错。例如：房间插座位置和数量，电视背景墙装修情况等信息，设计师与客户沟通中要详细记录，并获得客户确认签字。

表 3-2　厨房信息确认表

厨房信息确认表	
客户姓名：	客户电话：
客户地址：	
厨房面积：	初测日期：
一、墙体 1. 墙面垂直度与地面的平整度是否符合安装要求：　□ 是　□ 否 2. 水槽柜是否在窗台下，窗台高度是否影响水龙头尺寸和位置：　□ 是　□ 否 3. 门、墙位置是否影响柜体和台面安装：　□ 是　□ 否 4. 墙体是否有保温砖（如果有需配长膨胀螺丝）：　□ 是　□ 否 5. 地砖、墙砖是否全贴：　□ 是　□ 否 6. 厨房墙砖是否有花砖和腰线：　□ 是　□ 否 7. 厨房是否已经吊顶：　□ 是　□ 否 8. 厨房墙体的结构形式：　□ 空心砖　□ 实心砖	
二、电源插座、电线及管道 1. 墙面水、电、煤气管道是否按设计完成：　□ 是　□ 否 2. 洗碗机旁是否有插座和上下水管：　□ 是　□ 否 3. 洗衣机旁是否有插座和上下水管：　□ 是　□ 否 4. 净水器下方水槽柜内是否有插座和冷水阀门：　□ 是　□ 否 5. 电子脉冲点火灶柜内是否有插座和煤气管阀门：　□ 是　□ 否 6. 柜内灯及灯带的位置是否预留电线：　□ 是　□ 否 7. 若有垃圾粉碎处理机，水槽柜内是否有插座，台面上方墙面是否有控制开关：　□ 是　□ 否 8. 微波炉、烤箱等电器是否有足够的插座：　□ 是　□ 否 9. 厨房使用的燃气气质：　□ 液化气　□ 管道煤气　□ 天然气　□ 其他 10. 煤气表是否需要改动：　□ 是　□ 否 11. 厨房暗藏管线是否明确： □ 明确（请详细注明暗藏管线位置及方向） □ 不明确（请客户联系厨房土建施工方确认暗藏管线位置，以保证橱柜施工安全） 12. 烟道口是否需要改动：　□ 是　□ 否	
厨房储物调查： 碗筷数量： 锅具数量： 调味品数量：	
客户确认签名	

⑤电位设计需求调查：设计师在全屋定制设计中必须考虑卧室、客厅、厨房等空间电位设计是否合理，是否直接影响衣柜、橱柜等家具设计及安装。毛坯房测量时，一般室内开关和插座的位置可能更改和添加数量，设计师在测量时应该与客户沟通装修后的开关和插座具体位置和数量。对于某些开关和插座的位置对家具设计有直接影响，复尺时，必须准确测量其定位尺寸，设计时合理避让。精装房测量时，开关、插座位置和数量已经确定不再修改，设计师可以直接测量开关和插座定位尺并准确记录。

a．电位类型。固定电器电位，用于电视机、烟机、冰箱、烤箱等大型家电；非固定电器电位用于咖啡机、电饭煲、豆浆机、面包机等小型家电；升级电器的预留用于煤气灶以后升级成带电源的灶，安装报警器。水槽以后安装垃圾处理器，取暖机等现在客户未装，以后可能要安装的电器。

b．插座种类及功能。三孔、五孔、七孔、九孔插座等，见表3-3。

c．开关种类及功能。普通开关，有单开、双开、三开等，见表3-3；双控开关：两个开关在不同位置可控制同一盏灯，如位于楼梯口、大厅、床头等，需要预先布线。

d．电位设计原则。电源插座应安装在不少于两个对称墙面上，每个墙面两个电源插座之间水平距离为2500～3000mm，多个开关、插座应尽量保护在同一水平位置。无特殊要求的普通电源插座距地面300mm安装。例如：空调、电视机等家电要根据家电型号、摆放位置等确定插座位置。

表3-3　开关插座尺寸

名称	种类	照片	尺寸
开关	单开		86mm×86mm
	双开		
	三开		
插座	三孔		86mm×86mm
	五孔		
	十五孔		154mm×73mm 不同品牌尺寸有差别

续表

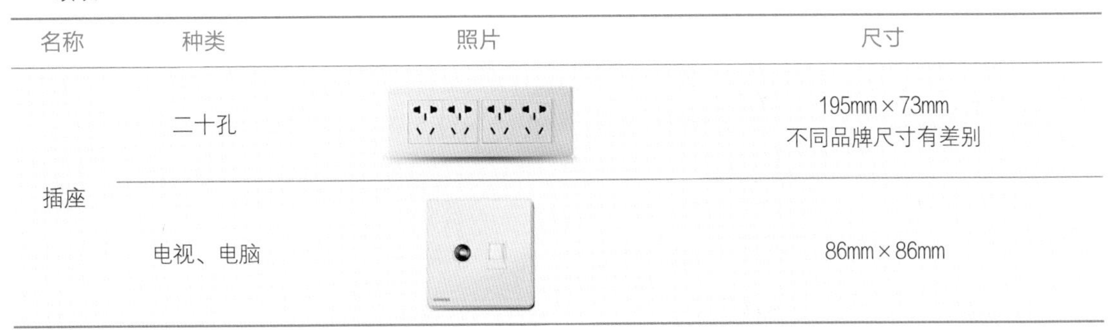

名称	种类	照片	尺寸
插座	二十孔		195mm×73mm 不同品牌尺寸有差别
	电视、电脑		86mm×86mm

⑥水位设计需求调查：设计师在全屋定制设计中必须考虑厨房、阳台、卫生间水位设计是否合理，是否直接影响橱柜、阳台柜及浴室柜等家具设计及安装，以及后期水管检修等事宜，水位设计一般包括厨房、卫生间和阳台冷热进水管、下水管等位置和尺寸，洗碗机、洗衣机上下水管的位置和尺寸。毛坯房测量时，上下水位置可能更改，可能添加洗碗机、洗衣机的上下管，设计师在测量时应该与客户沟通上下水具体位置和数量。复尺时，必须准确测量其定位尺寸。冷热进水口一般定在离地距离200～400mm的位置比较合适；排水口主要考虑排水通畅、维修方便和地柜之间的影响，一般设计在水盆的下方离墙距离150～250mm的位置比较合适。

⑦室内照明需求调查：一般家庭照明系统设计包括基本照明、局部照明。在测量过程中要询问并记录客户家中灯具的位置、种类和安装尺寸，尤其在空间较小的区域，设计师一定要确认吸顶灯、射灯是否会影响柜门的开启，如果测量发现灯具位置或高度影响吊柜门的开启，那么后期设计时就需要考虑门板不同处理方法，如：增加封板尺寸、设计固定门板或推拉门等方案。

⑧障碍物调查：设计师在全屋定制设计中必须考虑各个空间障碍物对家具尺寸、位置等方面的影响，如果未考虑障碍物尺寸、位置，可能会导致家具出现尺寸误差、柜体无法安装、柜门遮挡无法开启等问题。其中房间内常见的障碍物如下：梁柱、窗台和窗套、门套、地台、插座开关、水表、燃气表、煤气管道、上下水管、烟道等。

障碍物的避让与利用

⑨现场量尺：绘制测量图时，图纸严格按照建筑制图规范绘制和标准，避免反复标注和漏标。测量时，数据重复读取，核对。测量允许的误差值，在宽度和高度位置上，允许的误差范围为0～5mm，柱和梁的误差允许范围为0～5mm，对角线允许误差范围为0～5mm。测量完成离开时，应该告知客户出图时间和下次联系时间。

（2）复尺工作流程

预约客户→准备测量工具、客户信息资料、测量图、初步设计方案→咨询工况完成情况→精确测量尺寸→核对测量尺寸并记录数据→与客户确认设计方案→终极方案。

复尺主要是针对初次测量为毛坯房的情况，设计师必须在客户房屋装修完毕后，对房子进行二次精确测量（见图3-5）。复尺时，需要携带初次测量的测量图，与复尺数据对比，如果局部尺寸有变化，必须及时补充和记录，并且判断这些尺寸是否影响家具设计和安装，注意，任何关键尺寸的错误、细节疏忽都可能导致设计方案失败。

①预约客户：设计师与客户签订订单后，根据客户房屋装修情况确认复尺时间，提前一天致电客户确定具体时间。

②准备复尺资料、工具：初次测量平面图、立面图、复尺信息确认表、设计方案；复尺工具与初次量尺工具一致。

③现场复尺：首先，依据复尺信息确认表（表3-4）观察记录，仔细核对房屋装修情况与初次测量图是否一致，发现问题及时记录，每一个空间拍照留底；其次，精确测量所有尺寸，仔细核对两次测量数据是否一致，初测误差尽量控制在5mm以内，复测误差控制在1mm以内。复尺完成后，将现场相关问题与客户核对、记录，预约进店确认方案时间，告知后续流程，与客户告别。

表 3-4　厨房复尺信息确认表

厨房复尺信息确认表			
客户姓名：		客户电话：	
客户地址：			
厨房面积：		复尺日期：	
一、墙体			
1. 墙面垂直度、角度、地面的平整度是否符合安装要求：		□ 是	□ 否
2. 地砖、墙砖是否全贴：		□ 是	□ 否
3. 厨房柜体是否遮挡花砖和腰线墙砖：		□ 是	□ 否
4. 上下水管道的改造是否按设计完成：		□ 是	□ 否
5. 烟道口是否改造：		□ 是	□ 否
6. 吸顶灯、烟雾传感器位置是否影响安装及柜门开启：		□ 是	□ 否
二、电源插座、电线及管道			
1. 墙面水、电、煤气管道是否按设计完成：		□ 是	□ 否
2. 插座的数量和位置是否按设计完成：		□ 是	□ 否
3. 煤气表是否改造：		□ 是	□ 否
三、窗台、窗套、门、门套			
1. 窗户位置，窗套边缘对吊柜尺寸是否影响：		□ 是	□ 否
2. 窗台石长、宽、高，边缘凸出尺寸是否与台面后挡、水龙头冲突：		□ 是	□ 否
3. 门套位置尺寸是否影响台面尺寸、安装：		□ 是	□ 否
备注：			
客户确认签名			

3.2　房屋测量方法

房屋测量时，地面、墙面及天花板的垂直度、平整度等方面一般情况都存在尺寸误差，设计师如果在测量时想获取精准的设计数据，必须根据测量空间不同位置选择正确的测量方法，保证数据准确无误。

3.2.1 测量方法

（1）多点测量法

设计师一般采用多点测量方法进行物体尺寸测量；它可以帮助设计师确定房间长、宽、高的尺寸误差，了解房间墙面、地面是否平整，墙面间夹角等信息，从而依据测量数据对房间墙面、地面进行找平修补，合理避让。

设计师在测量房间基本尺寸时按照多点测量方法进行，如图3-6所示。

①宽度测量：确定基准墙面，分别测量地面、离地800mm、离地1600mm处三个位置宽度，其数值为$W1$、$W2$、$W3$；选择测量位置距离基准墙面外600mm处，分别测量地面、离地800mm、离地1600mm处三个位置宽度，其数值为$W4$、$W5$、$W6$。

②高度测量：确定基准墙面，分别选择等间距三个位置测量，其数值为$H1$、$H2$、$H3$；选择测量位置距离基准墙面外600mm处，分别选择等间距三个位置测量，其数值为$H4$、$H5$、$H6$。

测量距离跨度比较大的尺寸，测量中卷尺易倾斜、弯曲，会产生尺寸误差，造成家具无法安装或使用等问题，设计师为了避免测量误差，必须保证拉尺时卷尺的水平和垂直，通常设计师会应用测距仪二次测量来检验测量数据的精准度，房屋现场测量非常考验设计师量尺技术和经验。

（2）辅助工具测量法

对于异形空间可以采用辅助工具测量法进行测量。如图3-7所示圆弧形卧室阳台测量，设计师可以借助辅助线进行测

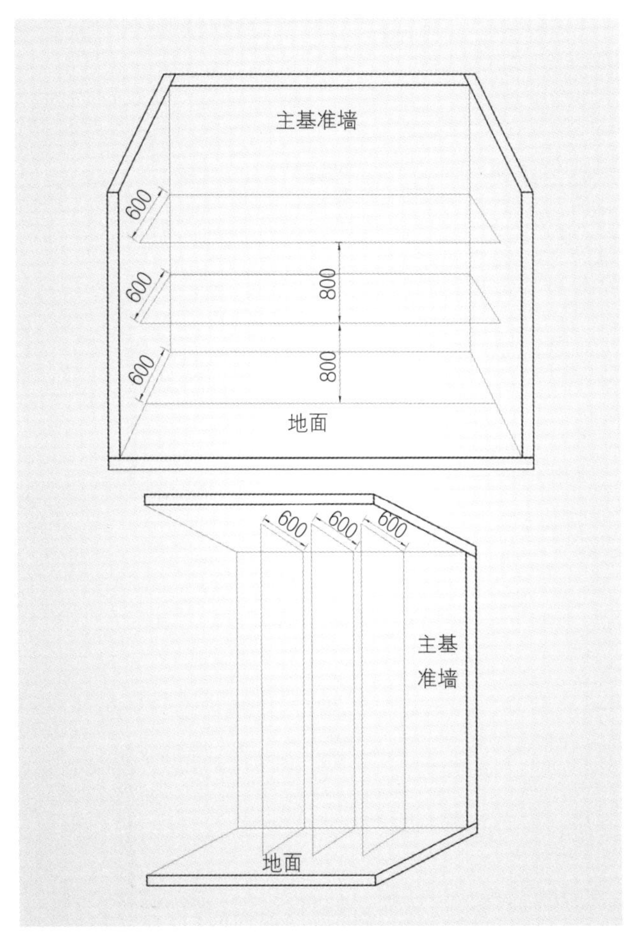

图3-6　多点测量法

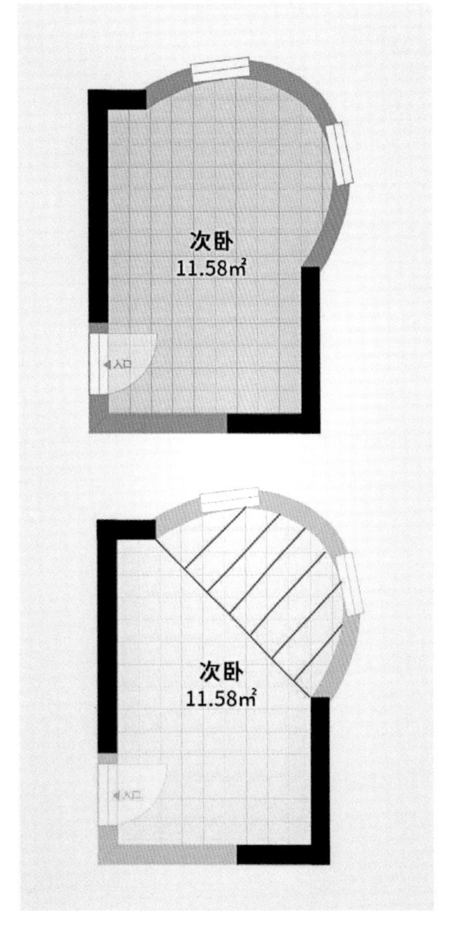

图3-7　圆弧形卧室阳台测量

量，可以在阳台两端添加一条辅助线作为基准线，在基准线上选择等间距的点测量基准线与墙面之间尺寸，利用直角三角板、木板等辅助工具配合卷尺测量，如图3-8所示，保证卷尺和基准面垂直，准确测量数值，最后利用CAD软件绘制测量图。

（3）角度测量法

一般毛坯房厨房墙面及地面都存在倾斜现象，其直接影响柜体安装效果，所以采用辅助工具法或角度测量法测量，并配合多点测量法测量墙面夹角，如果倾斜角度太大，需要建议客户装修时要进行处理。

如图3-9所示，在需要测量的墙角确定基点（在离地600~800mm处），从基点开始在基准墙处量出600mm的位置并做记号，然后在同一高度量出另一边墙600mm的位置并做记号，再测出两个记号的距离，同时，为了测量精确度，最好结合多点测量法，核对墙体间夹角是否存在误差；最后用三边确定一个三角形的方法求出该角度，或者用CAD软件直接放样绘图。

（4）放样测量法

对于异形墙体采用放样测量方法进行测量。圆弧形卧室阳台测量如图3-10所示，首先用铁丝根据异形空间折叠出具体形状，然后测量异形墙体两端距离，再在大白纸上画出大样图，再用CAD制图软件放样绘图。

3.2.2 房屋尺寸测量

设计师根据与客户沟通需要的家具款式、摆放位置等，进一步判断具体测量范围，测量数据完整、准确、不漏项，具体测量方法如下。

量尺方法

图3-8 辅助工具测量法

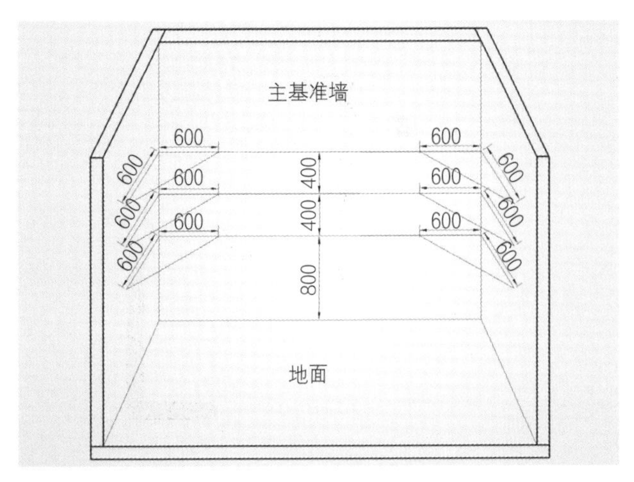

图3-9 角度测量法

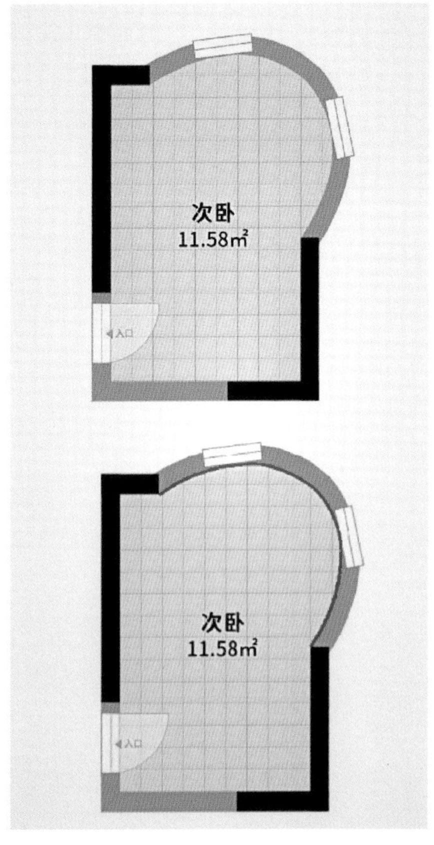

图3-10 放样测量法

（1）房间整体尺寸测量

如图3-11所示，设计师采用多点测量法准确测量卧室房间的长、宽、高，尤其需要仔细测量安装家具位置的尺寸，测量房间基本尺寸可以帮助设计师准确掌握地面平整、墙面垂直度和墙体间夹角等信息，帮助客户挑选适合的家具款式、尺寸，合理规划和布局。

（2）门的测量

如图3-12 所示，门套距离基准墙面的尺寸限制吊柜的深度，如果此处数据测量有误，可能造成吊柜无法安装。如图3-13所示，如果门的位置影响家具设计和安装，必须对门仔细测量，包括：

①测量定形尺寸：门宽、高，门套宽及门套凸出墙面的厚度。

②测量定位尺寸：左右门套边缘距基准墙的尺寸。

③注意门开启方向、活动范围。

④测量门套凸出墙面边缘宽和厚。

（3）窗户的测量

如图3-14所示，窗户开启方向、窗扇尺寸和窗台石凸出宽度影响水龙头位置，如果此处测量有误，可能影响窗扇开启或水龙头无法安装。如图3-15所示，如果窗户的位置影响家具设计和安装，必须对窗户仔细测量，包括：

①测量定形尺寸：窗户及窗套宽、高。

②测量定位尺寸：窗户距地面尺寸、左右窗套距基准墙的尺寸。

③注意窗套边框（凸出墙面）宽和深。

④测量窗台石凸出墙面边缘宽和深。

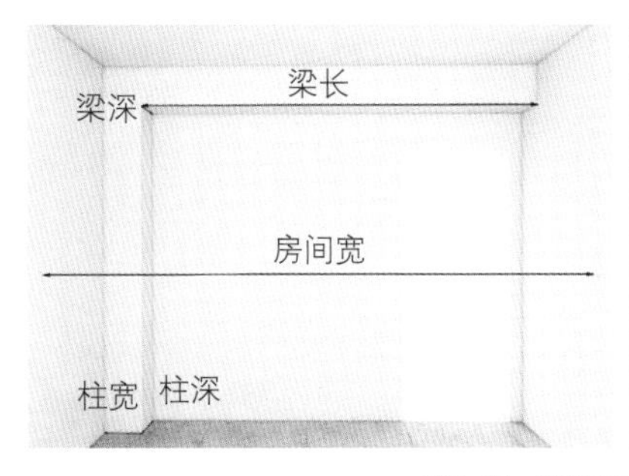

图3-11 卧室的测量位置

图3-12 门套与吊柜

图3-13 门的测量位置

图3-14 窗套与吊柜

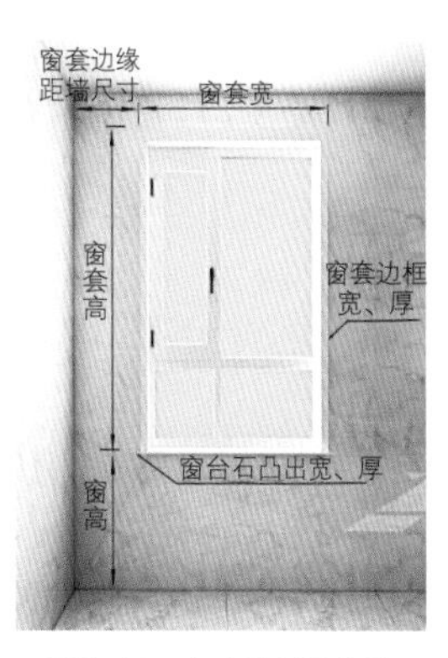

图3-15 窗户的测量位置

（4）开关（插座）的测量

如图3-16 所示，如果开关（插座）位置影响设计和安装，必须对开关（插座）仔细测量，包括：

①测量定位尺寸：开关（插座）离地最大距离和最小尺寸。

②测量定位尺寸：开关（插座）距基准墙的最大距离和最小尺寸。

（5）梁（柱）的测量

如图3-17所示，如果梁（柱）的位置影响设计和安装，必须对梁（柱）仔细测量，包括：

①测量定形尺寸：梁的高、深，柱的宽、深。

②测量定位尺寸：梁距地尺寸（柱距墙尺寸）。

如果梁下做柜或柱前做柜，梁（柱）的尺寸和位置会影响柜体布局方式，设计时根据梁（柱）的测量数据考虑切角柜或浅柜。

（6）天花板装饰线、踢脚线的测量

如图3-18所示，天花板装饰线、踢脚线影响柜体安装，所以测量时如图3-19所示，必须对天花板装饰线、踢脚线仔细测量，包括：

①测量天花板装饰线定形尺寸：厚、高。

②测量定位尺寸：装饰线距地尺寸。

③测量踢脚线定形尺寸：厚、高。

装饰线和踢脚线材质不同处理方法不同，石材、金属、瓷砖类装饰线和踢脚线设计时合理避让，塑料、木质装饰线和踢脚线可以现场切割。

（7）上下水管

如图3-20所示，上下水管位置影响水槽柜的布局和安装，所以对上下水管仔细测量，包括：

①测量上下水管距基准墙最近和最远的尺寸。

②测量上下水管距地面最小和最大的尺寸。

③测量冷热水管之间尺寸，一般上水管位置离地高度不要超过600mm，下水管离地高度一般不要超过300mm，以

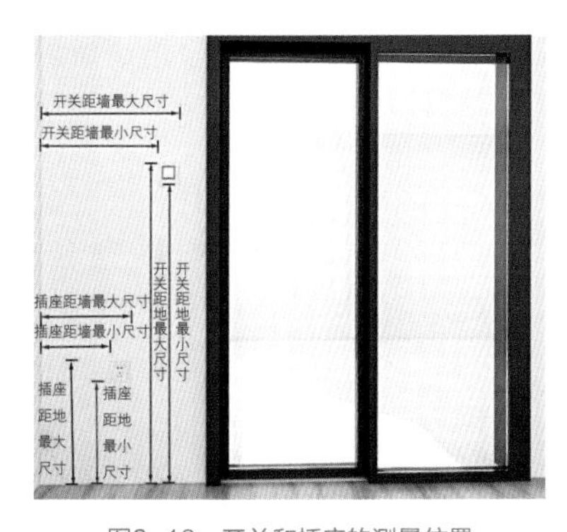

图3-16 开关和插座的测量位置

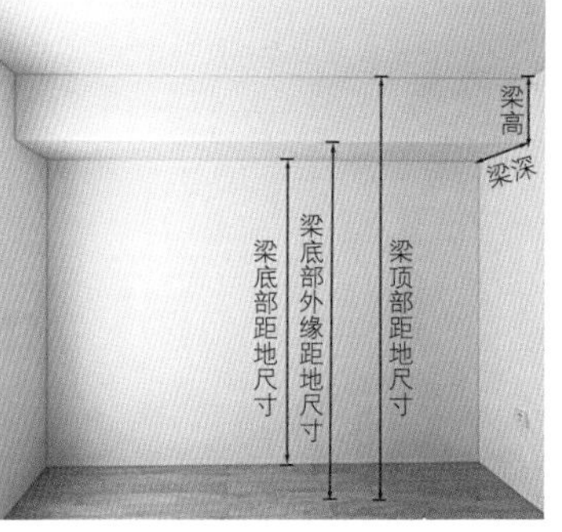

图3-17 梁和柱的测量位置

图3-18 天花板装饰线和踢脚线

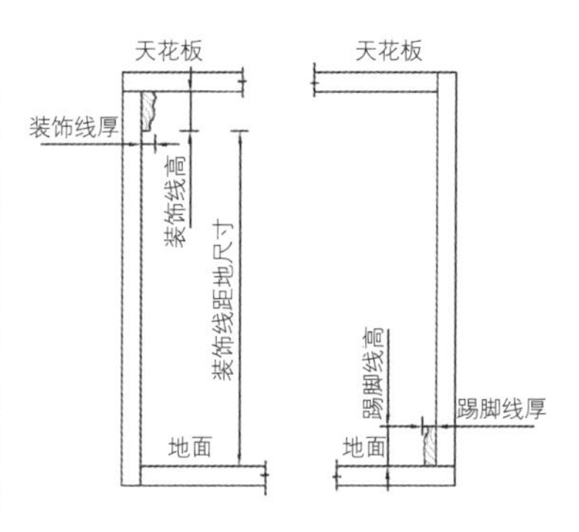

图3-19 天花板装饰线和踢脚线的测量位置

免导致排水不畅。

④测量下水口的内径尺寸，如下水管有横向管道，必须测量出离墙尺寸及离地高度；横向管道有斜度时要测量多处位置尺寸，确定柜体开口位置和尺寸。

（8）水管/水表

水管/水表位置影响柜内空间布局及柜内层板设计，所以对水管/水表位置仔细测量，包括：

①测量水管/水表距基准墙的最小和最大尺寸。

②测量水管/水表距地面最小和最大的尺寸。

③测量水阀旋转方向和上下活动空间尺寸。

（9）燃气表/分水器

如图3-21和图3-22所示，燃气表/分水器影响柜内空间布局及柜内层板设计，所以如图3-23和图3-24所示，如果燃气表/分水器的位置影响家具设计和安装，必须对燃气表/分水器仔细测量，包括：

①测量燃气表/分水器距基准墙的最小和最大尺寸。

②测量燃气表/分水器距地面最小和最大的尺寸。

③测量燃气表/分水器旋转方向和上下活动空间尺寸。

（10）烟道

烟道位置影响吊柜柜体侧板开孔位置和柜内层板设计，所以量尺时必须对烟道尺寸和位置仔细测量，包括：

①测量烟道口的内径。

②测量烟道口距基准墙的最小和最大尺寸。

③测量烟道口距地面最小和最大的尺寸，烟道口离油烟机距离不得大于2m。

（11）强弱电表箱

如图3-25所示，强弱电表箱影响柜

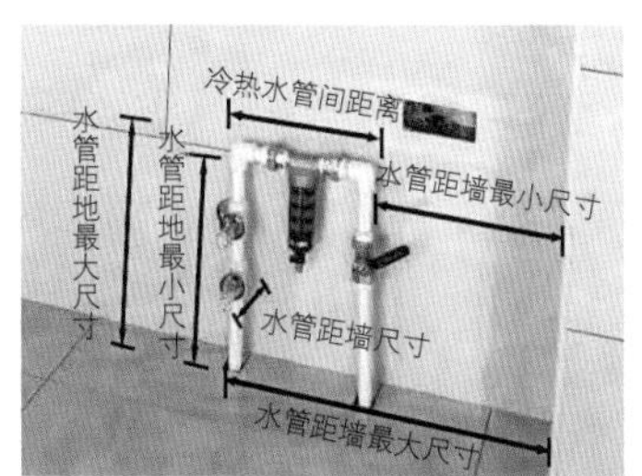

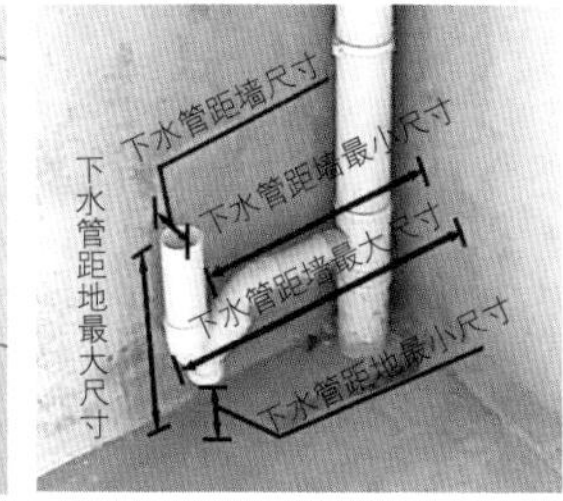

图3-20 上下水管测量位置

图3-21 燃气表与柜体

图3-22 分水器与柜体

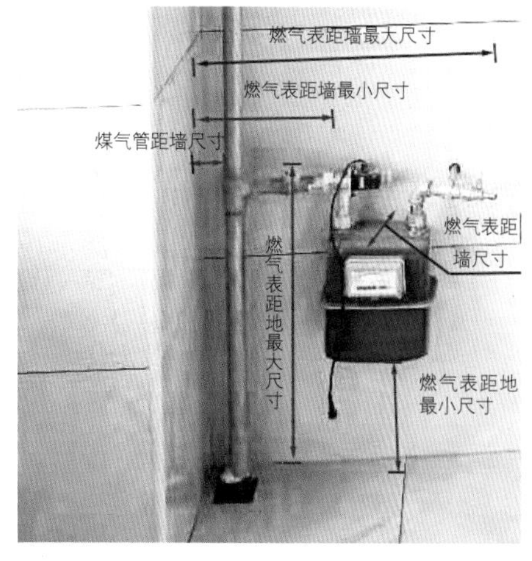

图3-23 燃气表的测量位置

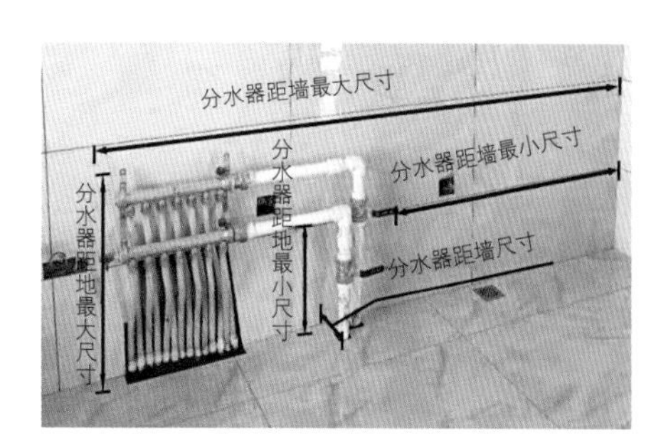

图3-24 分水器测量位置

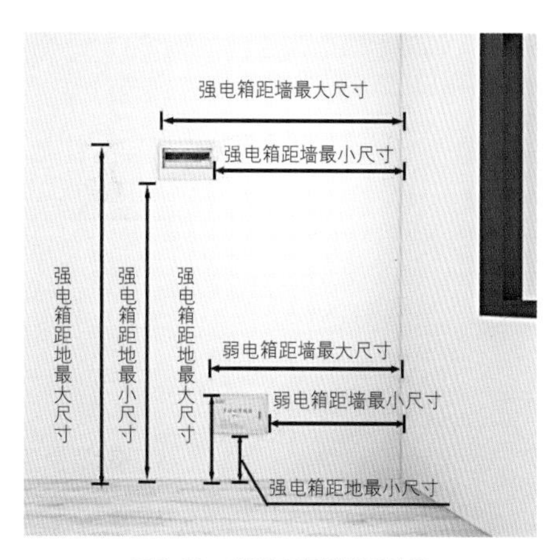

图3-25 强弱电表箱测量位置

内层板设计及背板开口位置和尺寸，所以量尺时必须对强弱电表箱仔细测量，包括：

①测量强弱电表箱距基准墙的最大和最小尺寸。

②测量强弱电表箱距地面最大和最小尺寸。

③测量强弱电表箱旋转方向和上下活动空间尺寸。

（12）其他情况

①如果初次测量是毛坯房，必须告知客户地面、墙面和天花板装修完毕后还要进行二次复尺，目的是设计师可以获取设计需要的准确数据。

②测量时要注意测量墙体平整度、墙与墙之间角度；检测墙体是否是承重墙，如果墙体是非承重墙，例如空心墙体不能安装吊柜，需要建议客户重新砌墙，满足吊柜的承重要求。

③设计师测量客户房屋的入户门、电梯、楼梯、走廊等尺寸，注意通道尺寸大小是否影响大件家具搬运。如果家具尺寸太大无法通过入户门、走廊等，可能出现拆门、拆窗等不必要的问题。

3.3 房屋测量及图纸绘制

设计师根据客户设计需求、房屋布局、现场工况等确定需要测量的范围，然后绘制测量图，并完成房屋现场测量。测量图纸一般为手绘量尺草图，其优势在于绘图速度快，操作简单，但要求设计师手绘测量图清晰、工整、准确，手绘测量图是设计师完成方案设计的重要依据之一。

3.3.1 制图基本知识介绍

设计师绘制测量图参照《GB/T 50104—2010建筑制图标准》中有关规定，一般设计师现场测量需要绘制平面图、立面图、平面展开图、透视图等，方便展示空间基本情况及测量数据记录。

（1）图纸类型

量尺草图的绘制

①平面图：平面图主要表达房间的平面布局，门窗位置、墙、梁、柱分布关系以及家具陈设布局等，同时可以表达各房间相对位置关系和相互组合关系。对于面积比较大的空间或结构比较复杂的空间，在一张图纸上无法表达清楚时，设计师可以将空间划分，分别测量局部空间，绘制测量图。设计师现场量尺时，一般分别绘制每个房间平面图，再标注尺寸，一般常用比例为1：50或1：100等。

②立面图：立面图主要表达房间立面的门窗、开关插座、装饰物、墙面装饰造型的名称、尺寸、工

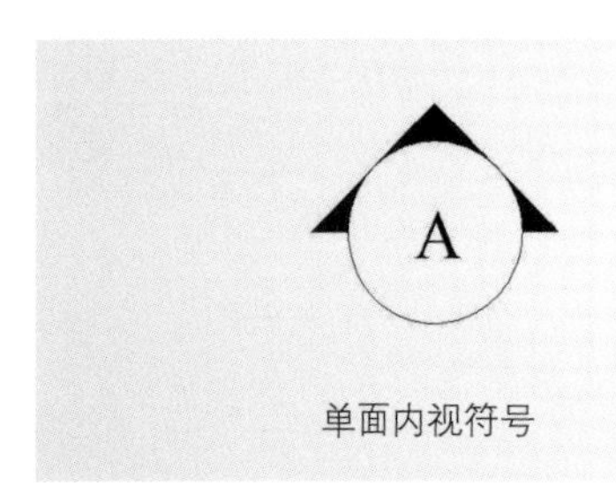

图3-26 室内立面内视符号

艺、位置等，设计师根据测量需要绘制房间立面图，再标注尺寸，一般常用比例为1：30或1：50等。立面图的名称应根据平面图中内视符号编号确定。内视符号如图3-26所示。

③平面展开图：平面展开图主要研究各墙面的统一和对比效果，可以看出各墙面之间关系相互参照，达到一目了然的效果，有效避免方案设计遗漏、错误。

透视图的绘制

④透视图：透视图能在平面图纸上表现三维空间效果，又称效果图，这种图与平面图相比所呈现出的效果更加直观、逼真，表现力更强，可帮助设计师更加清晰展示空间内部门窗、梁柱等相互位置关系。

⑤详图：由于基本视图受图幅、比例限制，细节无法表达清楚，因此需局部放大表达形状、大小、结构等内容。绘制详图时，比例、索引符号、定位轴线、标高、尺寸标注、文字标注等清晰，一般常用比例为1：5或1：10等。

（2）测量图常用图例

设计师现场绘制平面图、立面图时，许多设施和物品可以使用图例符号表示，帮助设计师更加快速、清晰地展示空间内家具、水电位等情况。测量图中常用的图例一般包括：家具符号、灯具设备符号、门窗符号、建材符号等，表3-5所示为家具及室内物品图例，表3-6所示为管道设备图例，表3-7所示为门窗图例。

表 3-5　　家具及室内物品图例

序号	名称	图例	说明
1	双人床		
2	单人床		
3	沙发		
4	椅子		家具根据实际情况绘制外轮廓线
5	吊柜		
6	高柜		
7	矮柜		

续表

序号	名称	图例	说明
8	衣柜		家具根据实际情况绘制外轮廓线
9	坐便器	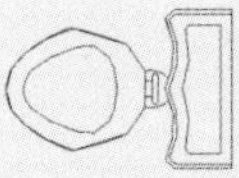	
10	洗涤盆	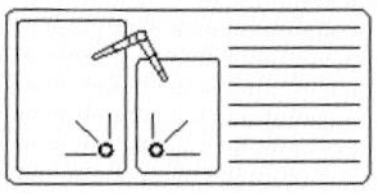	
11	盥洗盆	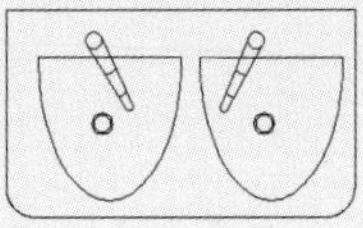	
12	浴盆	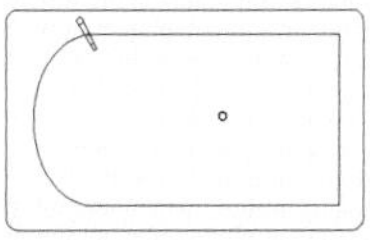	
13	洗衣机	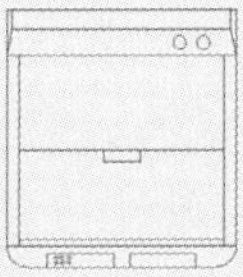	
14	电视机		
15	电话	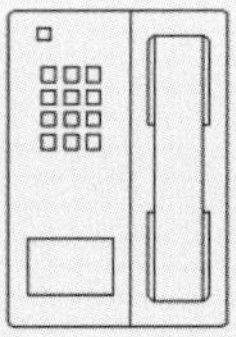	
16	冰箱	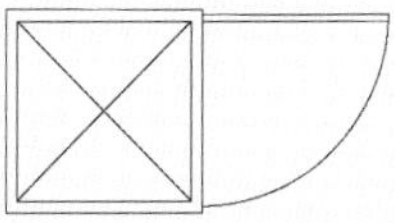	
17	燃气灶	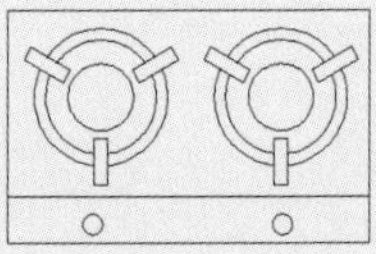	
18	油烟机	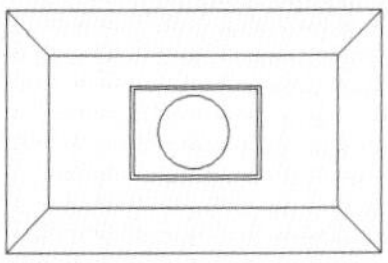	

表 3-6 管道设备图例

序号	名称	图例	说明
1	冷热水管	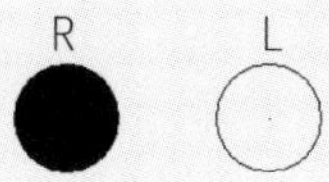 R L	“R”代表热水，“L”代表凉水
2	下水管		
3	地漏	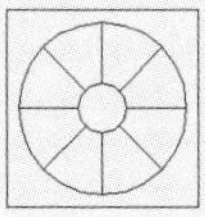	
4	烟道	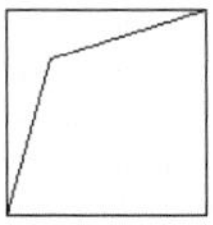	
5	燃气管道	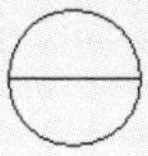	
6	出风口	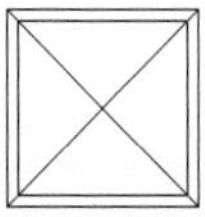	
7	检修口		
8	回风口	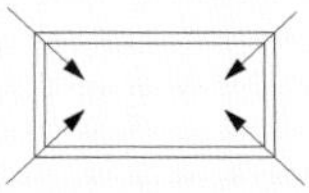	
9	插座	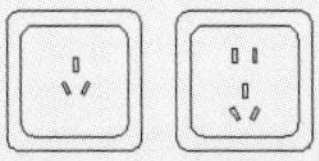	插座立面图
			分别为二极、三极、四极插座，涂黑为暗装，未涂黑为明装
10	开关	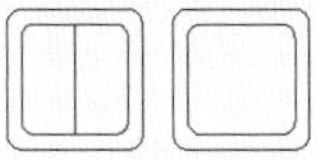	开关立面图，有单开、双开等多种，根据实际情况绘制
			分别为单极、双极开关，涂黑为暗装，未涂黑为明装
11	吊灯	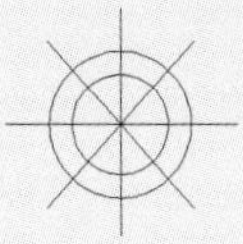	
12	筒灯	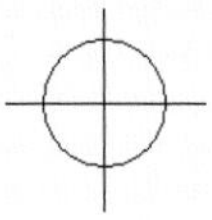	

续表

序号	名称	图例	说明
13	台灯		
14	射灯		
15	顶棚灯		
16	壁灯		

表 3-7　门窗图例

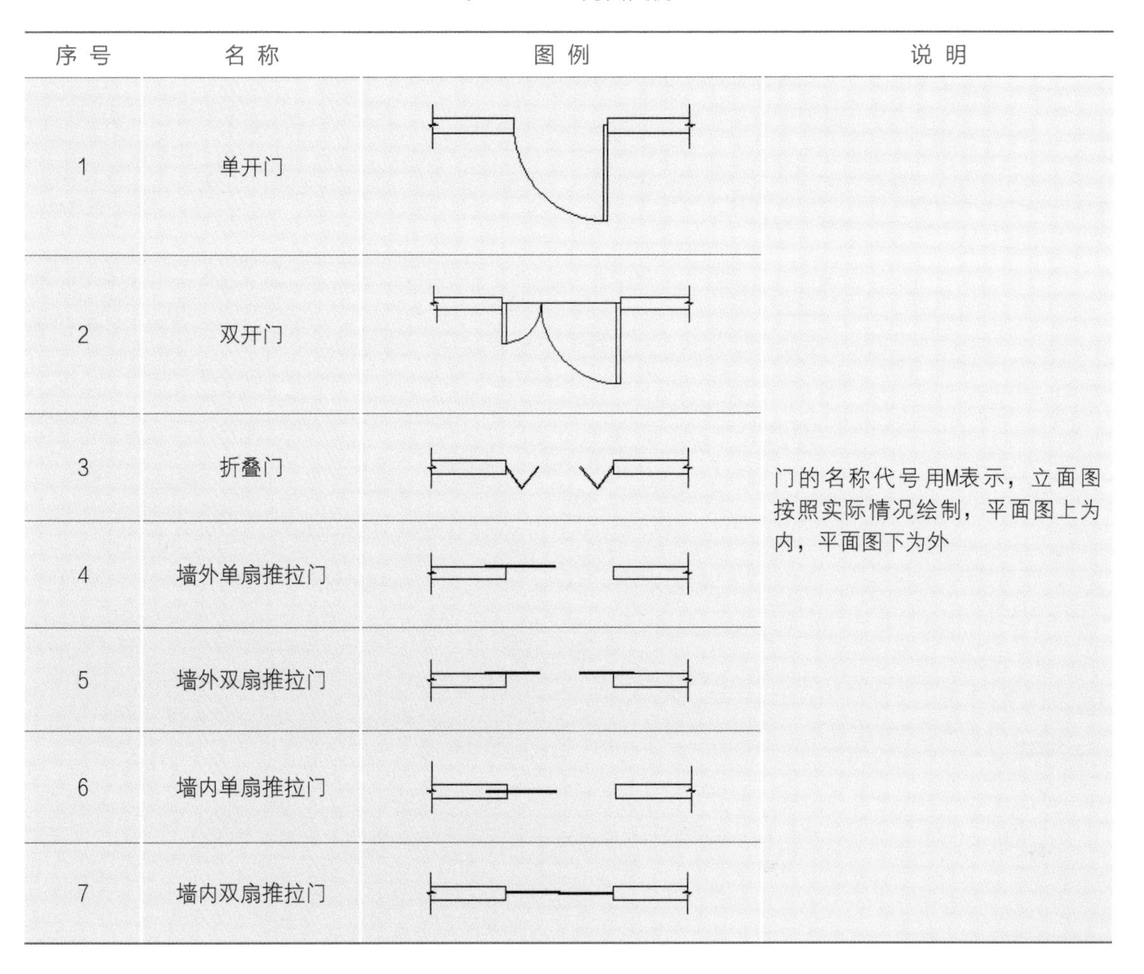

序号	名称	图例	说明
1	单开门		门的名称代号用M表示，立面图按照实际情况绘制，平面图上为内，平面图下为外
2	双开门		
3	折叠门		
4	墙外单扇推拉门		
5	墙外双扇推拉门		
6	墙内单扇推拉门		
7	墙内双扇推拉门		

续表

序号	名称	图例	说明
8	上推窗		窗的名称代号用C表示，立面图按照实际情况绘制，平面图上为内，平面图下为外
9	左右推拉窗		
10	外开平开窗		
11	内开平开窗		
12	飘窗		

3.3.2 房屋测量流程及测量图绘制

房屋测量时，可以参照从左到右、从上到下、最后是障碍物的顺序依次测量，测量过程中采用多点测量法，边测量边记录。具体按照下列操作步骤进行现场量尺。

测量图表达方法

（1）绘制测量图（简称量尺图）

可以采用平面图+立面图（图3-27至图3-31）、一点透视图（图3-32）、平面展开图（图3-33）等方式绘制。绘制测量图步骤：

①按照比例绘制房间平面图、立面图或透视图。

②在图纸上绘制门窗、梁柱、开关、插座等内容。

③在图纸上绘制标注尺寸线。

④现场测量所有尺寸并在图中标注。

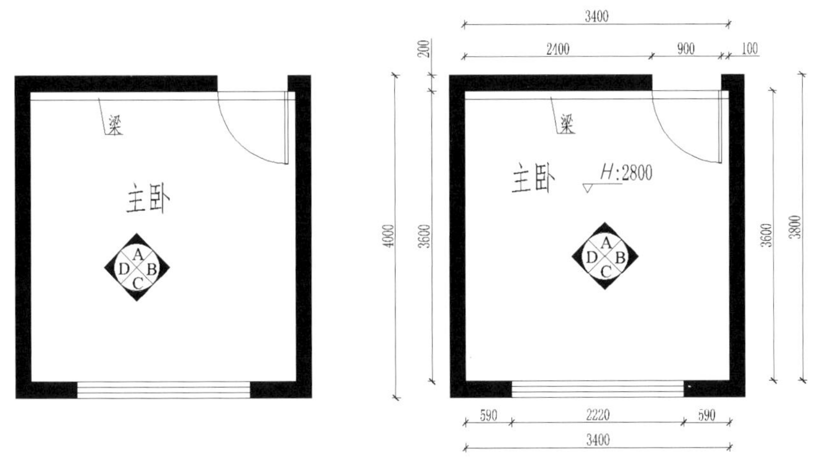

图3-27 卧室平面图

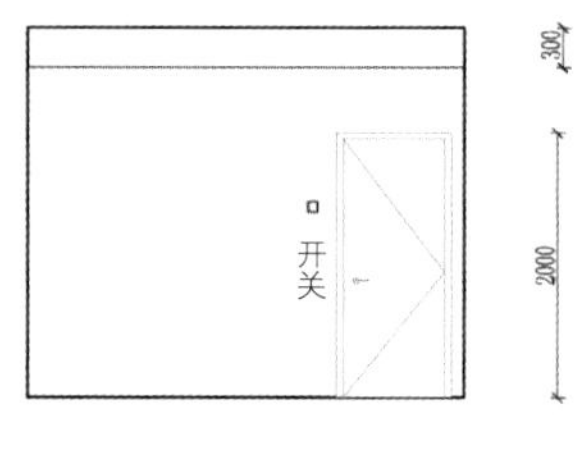

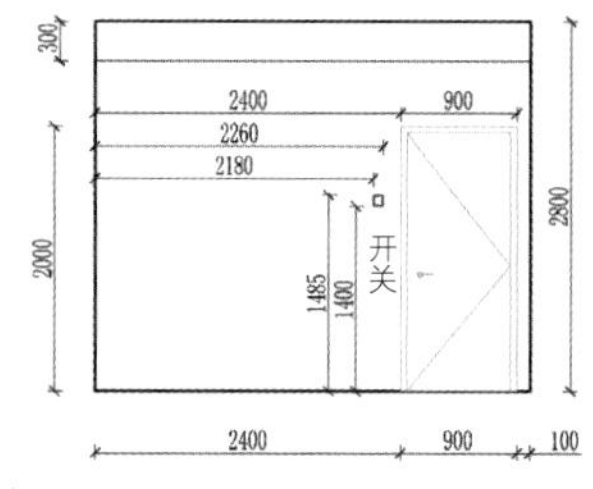

图3-28　卧室A立面图

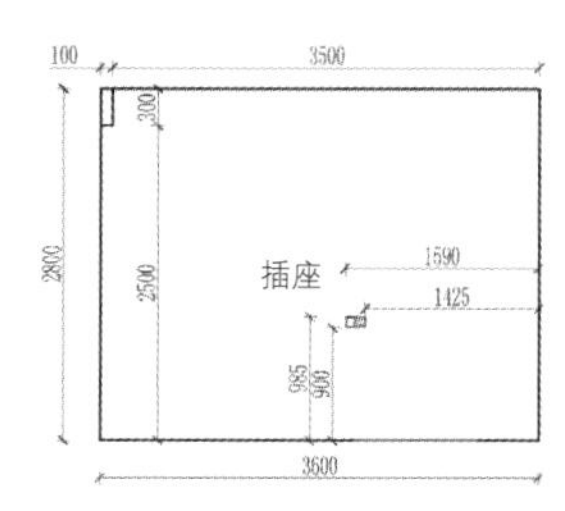

图3-29　卧室B立面图

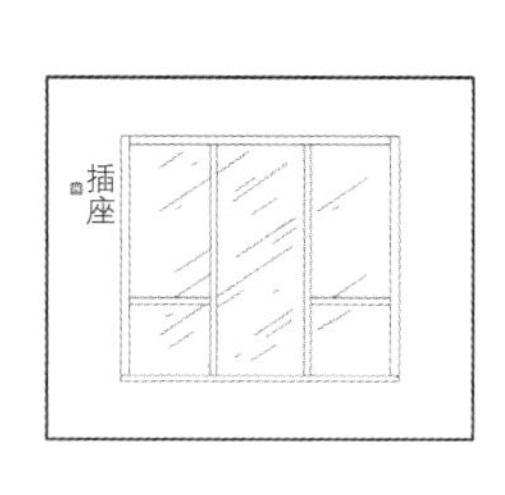

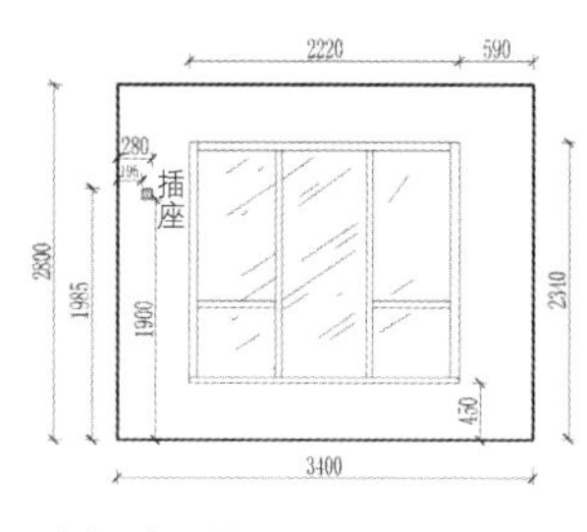

图3-30　卧室C立面图

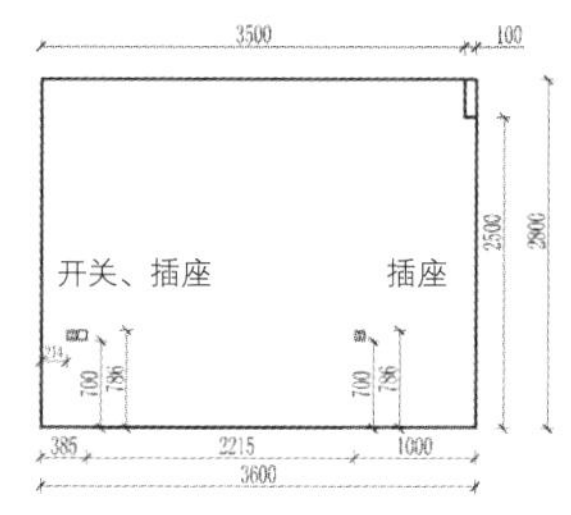

图3-31　卧室D立面图

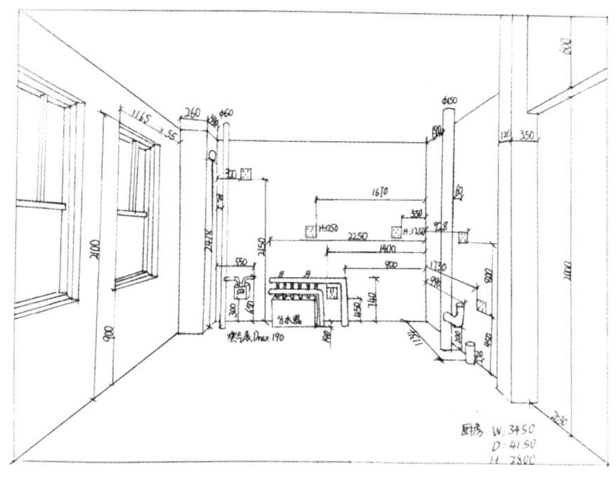

图3-32　厨房一点透视图

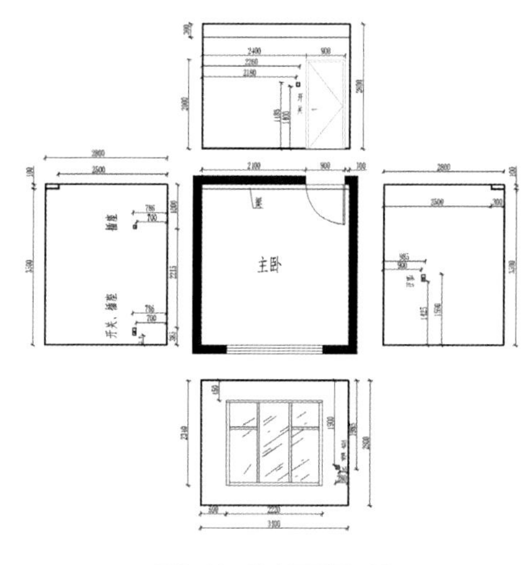

图3-33　卧室平面展开图

（2）测量顺序

①测量房间整体尺寸（长、宽、高）。

②测量门的定位尺寸和门的长、宽、高。

③测量窗的定位尺寸和窗的长、宽、高。

④测量房间墙面的夹角。

⑤测量开关、插座定位尺寸。

⑥测量障碍物（梁、柱、强弱电箱、分水器、电表等）。

⑦测量家用电器尺寸（燃气灶、油烟机、洗衣机、洗碗机等）。

（3）数据和信息复核

设计师把所有尺寸复核一遍，并拍照记录，检查测量图是否有漏项，细节是否有疏忽；设计师与客户确认设计需求，并签字确认，以此作为最终方案的设计依据，告知客户到店确认方案时间。

“始于客户需求，终于客户满意”。设计师通过专业细致的服务，得到客户的信任和满意。但测量中，一个微小的测量失误，可能会导致家具尺寸错误，无法正常安装，致使客户失望。所以，设计师在测量时，必须坚持精益求精、一丝不苟的工匠精神，严格按照房屋测量标准进行数据测量和记录，保证测量数据的准确性和完整性，为后续定制家具设计提供依据，同时，方便工厂生产、安装。

思考与练习

1. 根据不同空间的装修设计细节，设计客厅、餐厅信息确认表。
2. 归纳总结卧室、客厅、餐厅、厨房、玄关存在哪些障碍物影响家具的设计和安装。
3. 下图卧室面积12.5m^2，客户希望卧室安装衣柜、榻榻米，如何规划卧室布局？分析判断卧室需要测量哪些尺寸。

4. 观察下列各图，分析图中导致定制家具设计和安装失败的原因。

5. 量尺图的表达方法和类型有哪些？
6. 根据图3-32厨房一点透视图绘制厨房平面展开图，并标注尺寸。
7. 设计师在房屋现场测量退场前，必须反复核对数据，避免数据遗漏和误差，测量数据必须精确到毫米内的精度，请问测量中这些工作内容体现了工匠精神的哪些内涵？

4 书房定制家具设计

知识目标：了解书房的设计要素及设计原则；熟悉书房功能及空间布局形式；掌握书房家具的类型、特点及相关尺寸要求；掌握书房家具结构及下单要点。

能力目标：能够结合量尺图对书房进行合理布局；能够根据客户需求进行书房家具的造型、结构、功能及尺寸设计；能够完成书房整体方案设计。

思政目标：在书房定制家具实操演练过程中，结合学习任务，开展弘扬劳模精神、汲取榜样力量，崇尚劳模、争当劳模的教育行动，培养学生知难而进、迎难不畏难、克难勇担当的奋斗精神。

书房，又称家庭工作室，作为阅读、书写以及业余学习、研究、工作的空间，特别对于文教、科技、艺术工作者是必备的活动空间。它是人们结束一天工作之后再次回到办公环境的一个场所。因此，它既是办公室的延伸，又是家庭生活的一部分。书房的双重性使其在家庭环境中处于一种独特的地位，设计是否合理、使用是否便利是非常重要的。本章主要从书房基础知识、书房家具及空间尺度、书房定制设计及纠错等方面进行解析。

4.1 书房设计基础知识

在进行书房定制设计时，要考虑书房的类型、特点、设计要求、家具特点等方面，只有综合考虑这些因素才能设计出符合设计原则及客户需求的书房空间。

4.1.1 书房类型

书房，给人的第一印象就是一组大书柜、一张写字台、一把椅子与很多藏书组成的一个房间，然而在多元化的现代社会，书房的概念早已发生了巨大的变化，它有时不再是一个独立的空间，而是某个空间分割出一个区域作为书房来用，书房的面积标准可分为以下几种情况：

①具有相对独立功能的书房一般不小于10m^2较为适宜。

②由于居住空间紧张，利用卧室、阳台或客厅一角布置简单书写学习功能的，一般也需2～3m^2以上；

③对特殊要求的书房，如画室、设计创作室等应根据具体情况而定，一般不宜小于10m^2。

由于书房面积及位置的变化，我们可以将书房分为以下几种类型。

（1）隔断书房

隔断书房的设计比较灵活多变，可以根据家庭空间的大小以及业主的兴趣爱好采取不同的设计方案，如图4-1所示。在进行隔断书房设计时，设计师可能会让业主对书房隔断做一下选择，以便做出来的效果符合业主的心意。

①固定的全封闭式隔断：用于将空间分隔成两个功能固定的区域，也是书房隔断常用的一种方式。优点是坚固耐用，基本不需要日常维护；缺点是装饰性弱，不可轻易恢复，分割后两个空间完全独立。

②固定的半封闭式或敞开式隔断：用于将空间分隔成两个功能相对固定的区域，也是隔断书房的不错选择。优点是装饰性强，分隔后的两个空间光线充足；缺点是需要日常维护，容易损坏，同样不可轻易恢复。

（2）阳台书房

阳台书房可以设置在卧室阳台上，也可设置在客厅阳台上，它们的共同特点就是阳台虽小但功能全，能够满足书房的基本功能要求。阳台装修成书房不可缺少的元素主要有四个，分别是书柜、灯具、写字台、窗帘，各自在阳台书房中发挥的作用是不同的。常见的阳台书房一般有如图4-2所示几种类型。

阳台书房光线充足，工作、学习、空闲时刻能够远眺，减轻视觉疲劳。阳台书房要注意遮光与保暖。

（3）舒适型及享受户型——卧室书房

对于没有独立书房的户型来说，拥有一处可以工作学习的地方是许多人的渴求，如果卧室面积还算可以，那么就在卧室里开拓出摆放书桌的位置吧。在卧室里摆放书桌，主要是卧室的窗户旁、床头柜或者是衣柜的位置，根据空间的实际大小来选择或者定制书桌。

①对于小户型空间来说，卧室的面积都不会太大，可以利用窗户旁的位置定制一张挂墙式书桌，底部记得要留空，这样才能长时间使用时不会太累。如果两侧的墙面空间允许，甚至可以安装上小吊柜，方便放置一些书籍。

②如果卧室的面积足够大，那么书桌可以做大一些，书桌底部的一部分可以设计成储物柜，更加充分利用空间，实现更多家居物品的收纳要求。

③利用床头一侧床头柜的位置，将书桌和飘窗进行一体式定制，既实现了工作的功能，又是

固定的封闭式隔断

固定的敞开式隔断

图4-1 隔断书房

开敞式阳台书房

半开放式阳台书房

全封闭式阳台书房

图4-2 阳台书房

挂式的化妆台，实用性非常高。这种设计方式可能不太适合长时间的工作、学习，但偶尔使用肯定是没有问题的。书桌上方的墙面可以根据情况安装一组吊柜，或者是搁物板，提升整体的装饰效果。

④如果需要长时间使用，建议在定制书桌时，书桌的桌面尽量做大一些，使用时会更加舒适。不大的窗户下定制了小飘窗，再将书桌和飘窗连成一体，充分利用了墙面空间，更大桌面使用更加方便，具体如图4-3所示。

（4）传统书房

书房是阅读或工作的地方，需要宁静、沉稳的感觉，人在其中才不会心浮气躁。传统中式书房从陈列到规划，从色调到材质，都表现出雅静的特征，因此也深得不少现代人的喜爱。在现代家居中，拥有一个“古味”十足的书房、一个可以静心潜读的空间，自然是一种更高层次的享受。

书房布置一般需要保持相对的独立性，其设计布置原则，特别是对于一些从事专业工作者，如从事美术、音乐、写作、设计等人士，应该以最大程度方便其进行工作为出发点，如图4-4所示。

（5）楼梯书房

楼梯死角通常弃之可惜，但又不知该如何处理。动些小脑筋，做些精巧的设计，与墙柜、桌椅贴合，即是一个小巧的书房。小空间和不规则未必成为书房的限制因素，但一定可以成为它的个性标志。

不同的楼梯构造，与之搭配的书房设计各不相同，可以既是楼梯踏步，同时也是放置书籍的小木格；不同木格子踏板之下，就是自己的藏书之地；对于一些稍显狭窄的楼梯道，选择将扶手的位置设计成书柜的形式；玄关的木板楼梯将踏板部分延伸到墙面之上，形成一个个储物吊柜；楼梯本身就充满着想象力，随着

图4-3　卧室书房

图4-4　传统书房

图4-5　楼梯书房

楼梯材质发生着变化，书房的表达形式也在渐渐变化，具体如图4-5所示。

（6）异形书房

所谓异形书房是指书房户型不是正常的类型，如斜顶、异形天花吊顶、斜坡顶房子或是斜顶阁楼等，对于这一类户型在定制设计时需要进行合理处理，才能达到想要的效果，如图4-6所示。

开放式书房的优缺点

4.1.2 书房设计标准

书房展示

书房毕竟是一个居家空间，所以一定富有浓浓的生活气息，打造一个舒适、惬意的书房，能够让我们在轻松自如的气氛中投入工作和学习，区别于办公环境，它会使我们倍感放松，身心都处于自由享受的状态。

书房设计标准要结合书房的设计原则来考虑，还要挖掘客户的功能需求，考虑户型空间的充分利用、模块化生产以及风格的统一等，具体从书房采光、色彩及饰品搭配等方面进行阐述。

（1）书房的设计原则

书房的设计要遵循“明”“静”“雅”“序”的原则，但是在这些常见原则的基础上，也可以天马行空。规规矩矩的摆设往往会让人产生审美疲劳，如果给一个普通的书房换上落地窗、摆上活动书台，或者直接将床放在活动书台上，不经意间的凌乱，就能形成一种让人倍感温馨的风格。

①明：书房的照明和采光。书房作为读书写字的场所，对于照明和采光的要求很高，因为人眼在过于强和弱的光线中工作，都会对视力产生很大的影响，所以写字台最好放在阳光充足但不直射的窗边。这样，在工作疲倦时还可以凭窗远眺一下，让疲惫的眼睛得以休息。书房内一定要设有台灯、书柜用射灯，便于阅读和查找书籍。但注意台灯要光线均匀地照射在读书、写字的地方，不宜离人太近，以免强光刺眼。书房家具如果颜色较深，虽然可以给人一种稳重的效果，但是也容易使人感到沉闷、阴暗，因此书房最好有大面积的窗户，让空气流通。最重要一点是采光好，不仅利于阅读，也使人心思开阔，所以保证有充足且舒适的光源是极为重要的。

②静：修身养性之必需。对于书房来讲安静是十分必要的，因为人在嘈杂的环境中工作效率要比安静的环境中低得多。安静、明亮的书房才是心灵的港湾。因此，书房应该营造出安静的氛围，最简单的方法是将厚重的书架摆放在房间的邻墙上，这样起到一定的降噪声的功效。

③雅：清新淡雅以怡情。在书房中，不要只是一组大书柜加一张大写字台、一把椅子，要把情趣充分

图4-6 异形书房

融入书房装饰中，在书房中适当运用一些书画艺术品和盆栽绿化，可以点缀环境，调节人的心情。书房的设计中，可以利用色彩改变书房表情，色彩能在很大程度上改变人们的心态，书房是让人们静心的地方，色彩的搭配就更为重要。明朗、温暖的色调能够缓解工作上的压力，释放压抑的灵魂，温馨的浅色系都具有这样的功能。

④序：工作效率的保证。书房，顾名思义是藏书、读书的房间。多种类的书，且有常看、不常看和藏书之分，所以应将书进行一定的分类。如分书写区、查阅区、储存区等分别存放，这样既使书房井然有序，还可提高工作效率。结合当下人对房间的形式转变，书房不是单一的书房，可能是客房的补给，可能是儿童玩耍的场所，可能是闺蜜聊天地等，这种情况下我们就要适当定制合理性的功能需求，扩大舒适性的变化形式，记住，不是强制做加法定制。

如果想将书房设计成一个多功能区，则可以将书房分为动、静两部分，将动、静分区融合在一起，满足多种空间需求。同其他居室空间一样，风格是多种多样的，很难用统一的模式加以概括。因此书房的装饰风格原则上要突出个性，体现主人的素质涵养、爱好情趣等。

（2）书房采光

采光充足也是书房的重要条件。书房应该采用大的窗户，以让充足的光线进入。书桌、椅子是书房中和人接触最多的家具，对人体的健康有着不可忽视的影响，小空间摆很大的桌椅，除走动不方便外，连活动空间也变小了，人在里面磕磕碰碰，十分不便。

书房的灯光布置是书房装修的必要环节，既要保留自然光源，又要设置灯具照明，同时又要注意保护视力，让使用者能够有一个舒适、明亮的空间，工作、学习才能事半功倍，具体如下：

①保留自然光源：书房的位置最好设置有自然光源照射之处，书桌的位置最好靠近窗户，也可以通过设计百叶窗来调节书房自然光的明暗。

②间接光源营造宁静温馨感：间接照明可以避免灯光直射造成的视觉眩光伤害，有利于缓解视觉疲劳，因此可以在书房的天花板四周布置隐藏式光源，有利于营造书房宁静的氛围。

③书桌放置台灯作为阅读照明：坐在书桌前进行阅读，光有间接照明并不足够，最好在书桌的角落处放置一盏台灯，或者在书桌的正上方设置垂吊灯。要注意灯光不宜太暗，也不宜太刺眼，光线要均匀，不能有闪光的现象，功率控制在60W左右为宜。另外，书桌台面的大小、高度也要合适。

④避免光源直射电脑屏幕：由于电脑屏幕本身会发出强烈的光，如果书房的光源太亮，照到屏幕上容易出现反光，会导致眼睛不舒服，甚至看不清屏幕上的字。正确的做法是尽量使电脑周边的墙面有光照，这样长时间对着电脑工作才不易产生疲劳。

⑤利用轨道灯直射书柜：设计轨道灯或嵌灯，使光线直射到书柜上的藏书或物品，营造出视觉焦点变化的效果。

⑥书房灯光应综合考虑功能性：书房主要以局部灯光照明为主，因此，既要充分考虑光线的功能性，又要考虑光源对于书房产生的装饰效果。要切记，任何多余的辅助光源都会带来适得其反的效果。

（3）书房色彩

我们都希望给自己一个轻松的环境，让自己在这个环境中能够更好地学习和工作。我们经常用眼，因此在进行书房色彩设计的时候应该考虑柔和一些的色调，给人轻松的感觉。不同的色彩能够营造不同的氛围，所以如果书房想要安静，下面几种比较适合书房的颜色搭配，如图4-7所示。

①浅色为佳：书房的大色调一般选择比较柔和的颜色，例如浅绿色、浅蓝色、米色等。绿色对眼睛视力具有保护作用，对于看书看得疲劳的眼睛甚为适宜，有“养眼”作用。

②冷色调为主：书房一般以冷色调为主，显得安静、平和。书房是一个要求安静的场所，因此应该避免强烈刺激的颜色，书房家具和墙面尽量选择有助于平心静气的冷色调，宜多用明亮的无彩色或灰

棕色等中性颜色。

③不宜黄色：黄色往往充当着警示色的角色。如果书房使用黄色做主色，就会带来较大的视觉刺激，容易造成眼睛疲劳。另外，黄色带有温柔的特性，具有凝神静气的作用，但如果长时间接触，会让人变得慵懒。

④切忌大红、大绿或杂乱：书房色调应尽量柔和，不宜使用大红、大绿或杂乱的拼色，否则既易伤害眼睛，也会使人无法静下心来持久阅读。

⑤不宜黑色和橙色：书房适合以棕色为主题，一张具有古典优雅味道的桃色书桌最合适不过，而黑色会有压迫及沉重的感觉，在温习的时候，会使人感到沮丧。如果书房的面积较小，尽量不要使用橙色。

（4）书房饰品

书房既是家居生活环节的一部分，又是公共场所的延伸，书房的双重性使其在家庭环中处于一种独特的地位，陈列的饰品要考虑美观性，更要虑实用性，书房的陈列显示着主人的身份地位、道德修养和文化品位。

书房饰品的选择需要注意以下几点：

①书房需要配备的工作用途饰品有台灯、笔、电脑、书、书靠、时钟等。

②书房需要配备的装饰用途饰品有绿植、艺术收藏品、画、烛台、相框等。

③为了确保能集中精力学习、工作，书房配饰色彩建议不要太扎眼。

④饰品的摆放要求要上下、左右、里外、毗邻的两个空间互相连接，所有饰品的选择都要有一定的系统性，使整个空间具备整体感，和谐统一。

对于不同风格的室内空间饰品的选择也各不相同，下面就几种常见的风格的饰品选择作介绍。

①新古典风格书房的饰品选用：为新古典书房选择饰品时，要求具备古典和现代双重审美效果，完美的结合让人在享受物质文明的同时得到精神的慰藉。例如，采用简约风格的不锈钢包边彩贝相框或是略带欧式风格的玻璃及水晶器皿，书桌上一套纯白底的咖啡杯是新古典风格书房在饰品摆件上的首选。产品材质选择上注重古典风格与现代工业技术相结合，例加写真灯箱油画、改良后的实木线条、PU休闲椅、水晶台灯等，如图4-8所示。

②美式风格书房的饰品选择：为美式风格书房选择饰品时，要表达一种淡然的乡村风情，强调“回归自然”的特质，采用美式做旧饰品是不错的选择。美式风格营造的是一种休闲、淡雅、小资的氛围，所以陈设品在数量上宜多不宜少，空闲的位置要记得用饰品充实。在饰品陈列上要注意构建不同的层次，重在营造历史的沉淀和厚重感，比如，落地的大叶植物与精致的桌面小盆景搭配，小烛台和半高台灯搭配。在颜色和主题上，美式书房饰品以采用自然色和自然主题为主。美式风格书房常用饰品如图4-9所示。

书房暖色调

书房冷色调

图4-7　书房色调

③新中式风格书房的饰品选择：新中式风格的书房在饰品选择上，首选是传统的摆件，如文房四宝、瓷器、画卷、书法、茶座、盆景（盆景宜选用松柏、铁树等矮小、短枝、常绿、不易凋谢的植物）和带有中式元素（如花、鸟、鱼、虫、龙、凤、龟、狮等图案）的摆件，这些深具文化韵味和独特风格的饰品，最能体现

中国传统家居文化的独特魅力。中式风格饰品在陈列的时候尤其要注意呼应性，中式讲究合美原则，例如漂流木的摆件和装饰花艺相呼应，陶瓷的罐子和具有节奏感的花艺相搭配，能使整个书房充满韵律，书柜内书的摆放要横、立相结合。饰品的选择上注意材质不要过多，颜色也不要太多。总之，空间不要过多留白，又不能过度拥挤，恰到好处是中式风格设计的重要原则，如图4-10所示。

④现代风格书房的饰品选择：现代风格书房饰品的基本特点是简洁、实用，在选择饰品时，更要少而精。不同材质、同样色系的艺术品在组合陈列上进行有机搭配，在不同位置运用灯光的光影效果，会产生一种富有时代感的意境美，如图4-11所示。

图4-8　新古典风格书房饰品

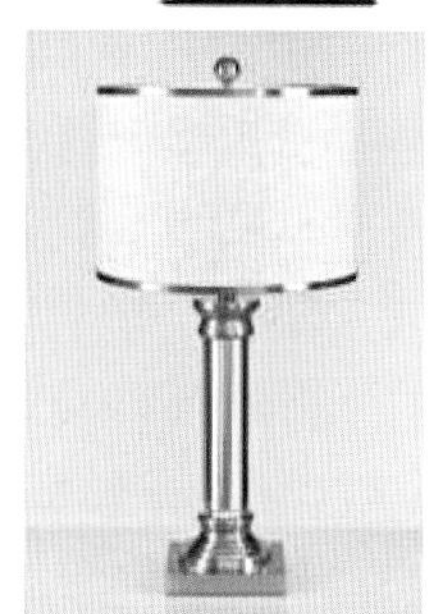

图4-9　美式风格书房饰品

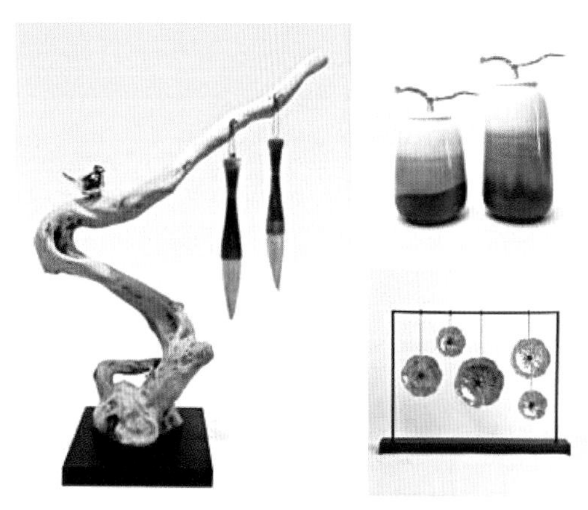

图4-10　新中式风格书房饰品

图4-11　现代风格书房饰品

4.2　书房家具及空间尺度

在传统观念中，书房是学习、修身养性或静心思考的地方。但网络时代，在家工作的时间越来越多，于是书房被赋予了新的理念。书房已成为人们休息、思考、阅读、工作、会谈的综合场所，书房家具也随之发生变化，这就需要我们在家具布局及空间尺度方面多加考虑。

4.2.1 书房的功能分区

具有相对独立功能的书房一般不小于10m²较为适宜。太大会给人感觉太空旷，反之会感觉过于拥挤。对于空间大小合适的书房而言，其家具定制的顺序一般为：工作区—储物区—休闲区，各个区域具有各自的功能要求，一般根据这些功能特点进行书房定制家具的设计。

（1）工作区

工作区有阅读、书写、创作等功能，这是书房中心区，应该处在相对稳定且采光较好的位置。这一区域主要由书桌、工作台（架）等组成。

工作区主要是学习、工作的区域，除了必要的书桌、椅子以外，我们经常要使用的东西也要保证可以随手拿到。而辅助区则可以摆放一些不常用的设备，如打印机、传真机、书柜等；在休闲区则可以摆放一些娱乐设施，来调节我们的工作节奏，如图4-12所示。

（2）储物区

有书刊、资料、用具等物品存放功能的储物区，是书房中不可缺少的重要组成部分，一般以书柜为代表。书柜也可以做成一字型、L型等，根据书房大小来决定书柜的类型、大小。

书柜的设计是书房定制家具的重要内容，它体量较大，一般靠墙设置。书柜是在书桌布局的基础上进行的。书柜一般都是选择有整面墙的空间放置，再结合定制书柜的包梁包柱的特点，书柜宜设于有柱的正面墙体上。

若靠近门的位置设置柜体需要做圆角处理，另外，书柜和书桌也可做成一体的，结合客户喜好进行选择。

（3）休闲区

休闲区包括休闲接待区和睡眠区，其主要功能是接待客人和临时休息，其家具一般包括休闲椅和小几、榻榻米、单人床等。一般设置在边角位置做临时休闲使用，客户依据需要进行选择搭配，如图4-13所示。

会客区有会客、交流、商讨等功能。当书房空间较大的时候，我们往往会辟出一定空间作为会客用，这一区域因书房的功能不同而有所区别，同时又受到书房面积影响。这一区域主要由客椅或沙发组成，用来临时接待客人等。

睡眠区具有睡眠与休息功能，应贴合墙面布置睡眠区，这一区域主要由床或榻榻米组成。

总之，无论家庭空间多大，总要有一个精致的书房，为你摆脱“堆书如山”的烦恼，而书房定制，能充分利用每一个角落，为客户带来人性化的体验。

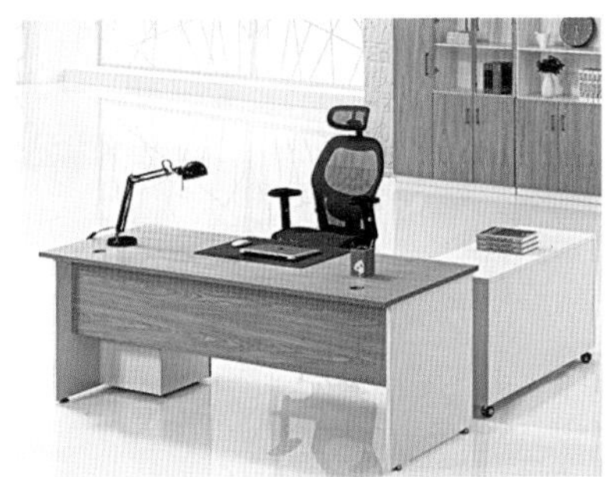

图4-12 书房工作区

图4-13 书房休闲区

4.2.2 书房空间布局与人员动线

书房是人们学习和工作的地方，在选择家具时，除了要注意书房家具的造型、质量和色彩外，还必须考虑家具应适应人们的活动范围并符合人体健康美学的基本要求。也就是说，要根据人的活动规律、人体各部位尺寸和使用家具时的姿态来确定家具的摆放位置以及大小。

（1）书房人员动线

书房人员动线指的是人在书房中的活动路线，一般包括主动线和辅动线，即可供两个人通过的区域和单人或侧身可通过的区域。主动线能够保证两个人同时通过，其宽度一般为900～1200mm，而辅动线包括可供单人侧身通过和正面通过两种情况，一个人侧身通过的宽度一般为300mm，而供单人正面通过的标准尺寸是600mm，具体如图4-14所示。

（2）书房空间布局

书房中的主要家具是书架、书柜、书桌及座椅或沙发。在进行书房家具的布置设计时，需考虑书桌、书椅、书柜的位置及相互之间的距离，具体如图4-15所示。

①书桌和书柜之间的距离：书房如果设计成如图4-16所示的布置方案，书桌的边缘离书架至少要留出750mm的空间，才能保证人方便地拿取书籍。

②座椅应与书桌配套，高低适中，柔软舒适，椅子的高度一般以380～440mm为宜。椅子造型曲线的设计和人体的结构曲线是一致的。单人宽度650～850mm，前面应有450～650mm的空间，便于双腿能自如活动。

③书桌前面既应考虑留有放椅子的位置，还应考虑到拉开抽屉所占用的空间，前者需要600mm以上的宽度，后者则至少400mm，留有的空间宽度应以多者为宜。

另外，还应注意家具的结构、尺寸，这些都是书房定制设计需要考虑的因素。

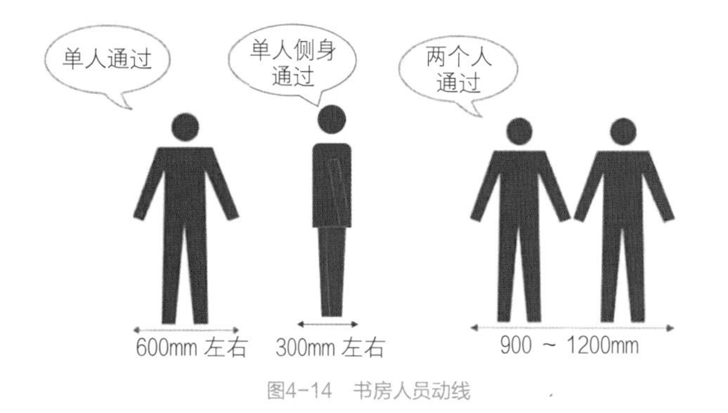

图4-14 书房人员动线

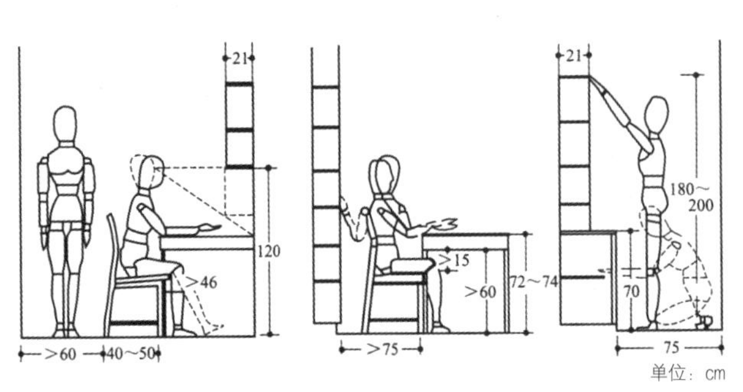

图4-15 书房人体活动空间尺度示例

图4-16 书房的布置方案

4.2.3 书桌

书桌是书房中最重要的家具，是以学习为主要活动的家具。有的人喜欢宽大的台面，则要看房间的面积能否容纳；有的人喜欢装饰性强的书桌，则要看风格能否融入环境；有的人喜欢多功能书桌，则要考虑书桌周边的功能配合。书桌，要使用方便，桌面要有足够的面积和稳定的支撑。带书桌的书柜建议做成放在地板上面的，以防止在安装地板后书柜和书桌出现高度差。

4.2.3.1 书桌的功能尺寸

（1）书桌功能

书桌以最上层主台面作为主工作面，上面放置的物品有电脑显示器、书本、文具、台灯等。除了主要功能还有相应的辅助功能，如写字台还具有收纳功能。书桌的主要功能有支承、储存、装饰。

尺寸分析

（2）书桌的尺寸

①桌面的形状及尺寸：桌面形状可以丰富多样，可以采取自然形、弧形、不规则形等。变化的带有柔线的桌面更适合使用，能使学习气氛舒适轻逸，如此学习的时候就更能投入和开阔思维，不似书房中的书桌这般严肃和办公室中的书桌这般具有效率性。但运用弧线时，要保证电脑与学习的空间并存。常见的定制书桌有常规型和转角型，即常规书桌和转角书桌。对于常规书桌来说，桌面以人坐时可达到的水平工作范围为基本依据，一般书桌的长度应为900～1400mm为佳。书桌宽度太窄，放置功能件（如键盘抽）可能会有问题；尺寸过宽，使用过程中台面可能变形。深度一般控制在600mm左右。而对于转角书桌来说，转角的两个方向不能同时超过1200mm。

②桌高：按照我国正常人体生理测算，写字台高度一般为740～780mm，考虑到腿在桌子下面的活动区域，为适应人体的尺度，桌子高度确定为在椅子高度的基础之上加280mm，这样既可满足人长期工作的需要，又适合人的生理特点。在休息和读书时，沙发宜软宜低些，使双腿可以自由伸展，高度舒适，以消除久坐后的疲劳。这种高差是按人体坐高的比例来设计的。桌高=坐高+桌椅高差（约1/3坐高）。按照我国正常人体生理测算，写字台高度一般选用765mm的标准高度，如果没有特殊要求一般不做改变。

③桌下空间：要保证使用书桌时双脚都有可以灵活活动的空间，考虑到腿部在桌子下面的活动区域，要求桌下净高不少于580mm，宽度一般不小于530mm。

4.2.3.2 书桌的定制设计要点

书桌的摆放通常有如图4-17所示的位置。

摆放书桌最理想的位置是门的斜对角、侧面是窗，如图4-17中②⑤号位置；尽可能不要开门对书桌，如图4-17中

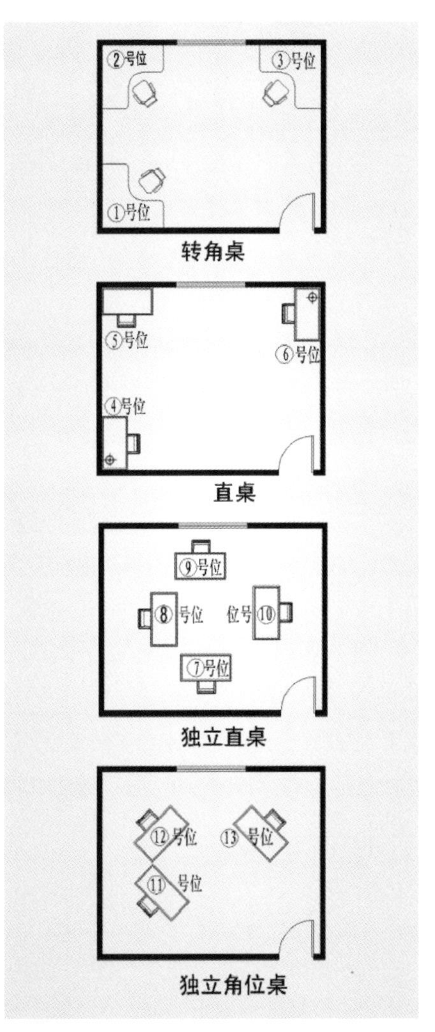

图4-17 书桌的摆放位置

③⑥⑩⑬号位置；书桌也不要正对或背对着窗户，如图4-17中⑨号位；书桌也不能离门太近，如图4-17中⑦号位。

“L”型书桌的设计，桌面不能两边同时超过1200mm。因为工厂使用的标准大板尺寸是2440mm×1220mm，开料时会有损耗，单块板的最大尺寸只能做到2400mm×1200mm。

侧板当书桌腿用的，侧板背后最好不要靠墙，一来方便穿线，二来避免因避让地板的踢脚板而导致切角。

嵌入式的书桌，应该在桌面靠墙的部分下40mm高的木条，遮住桌面与墙的缝隙。

书桌应充分考虑其他方面，例如它的清洁难度，花纹繁琐的仿清式桌子，雕花很是精致，但是繁琐的花纹间隙中容易落满灰尘，在清洁的时候，由于花饰繁琐细密，难度很大，所以，在家具的设计中一定要综合考虑各个方面，避免在使用中遇到麻烦。

简易书桌设计

4.2.4 书柜

书柜是书房家具中的主要家具之一，即专门用来存放书籍、报刊等的柜子。书房要有足够的储藏空间，所以书柜的设置与充分利用是很重要的。书柜或书架所选用的材料要注意防潮和防虫蛀，并有一定的承压力，以防书重加在上面使底板弯曲变形。

4.2.4.1 书柜的样式

书柜的样式有多种，通常根据书柜与墙体的关系、书柜的布置类型、书柜的组合形式分类，具体如下：

（1）书柜与墙体的关系

①定制书柜通常要与墙体结合在一起，有落地式和吊柜式，这类书柜对于空间的利用较好，也可以和音响装置等组合运用。

②书柜一般不做满墙的，半身的书架靠墙放置时，空出的上半部分墙壁可以配合壁画等饰品；落地式的大书架摆满书后的隔音性并不亚于一般砖墙，摆放一些大型的工具书，看起来比较壮观。

③还有书柜和书桌进行相配合的设计，从而节省空间。

（2）书柜的布置类型

常见书柜的样式分为一字型、L型和U型。一字型即书柜依墙一字排开，L型即两边靠墙中间是转角的书柜，U型即三个一字型与两个转角的组合，此种书柜对空间有要求，面积较大的书房摆放起来才好看。

就定制书柜而言，其尺寸可以依据自己家的空间、需要摆放的家具的多少等来选择书柜大小，按照需要排成一字、L或U型，只要适合自家面积即可。

（3）书桌和书柜组合式

在实际设计中，常常为了节省空间把书桌和书柜做成一体的，也就是书桌和书柜组合式；书柜与书桌的组合形态有平行结合式、垂直结合式和分离式，如图4-18所示。

4.2.4.2 书柜的功能尺寸

（1）书柜的整体尺寸

书房书柜的高度并没有标准，书柜高度多以成人伸手可拿到最上层隔板上的书籍为原则，一般采用2020mm标准高度，人们也可以根据自己的身高选择合适的书柜高度。宽度依墙面宽度而定，一般为1200～1500mm，深度以满足书籍资料的存放为宜，常用250mm左右。

书柜功能分析

（2）书柜层板尺寸

书柜的大小与存放多少物品息息相关。如果家中的书大小和长短不一，最好选择隔板可以调节的书柜，这样大书可以放到加长的一格中，常见宽度为300mm左右。单层书柜搁板由于要受力，一般不能太长，厚度25mm层板控制在800mm以内，厚度18mm层板控制在600mm以内，否则时间一长，容易弯曲变形，超过该尺寸的一般在下方设置立隔板。书的宽度直接影响着书柜的宽度，一般来说，最小的书柜（含门）也应该在300mm以上，倘若有更宽的书，则需要更宽的书柜。

（3）书柜层间高

书橱、书架层间距不宜过高，否则放一层书浪费地方，放两层使用起来又不方便，不易抽取；一般层间距为300～400mm。设计依据为书刊尺寸，一般的书刊尺寸（手长＋活动余量）如：A4为210mm×297mm，B5为182mm×257mm，一般取≥320mm，特大型≥320mm，大型270mm，中型220mm，小型180mm，如设有抽屉，抽屉功能件高度不能太高，不能超过1200mm。

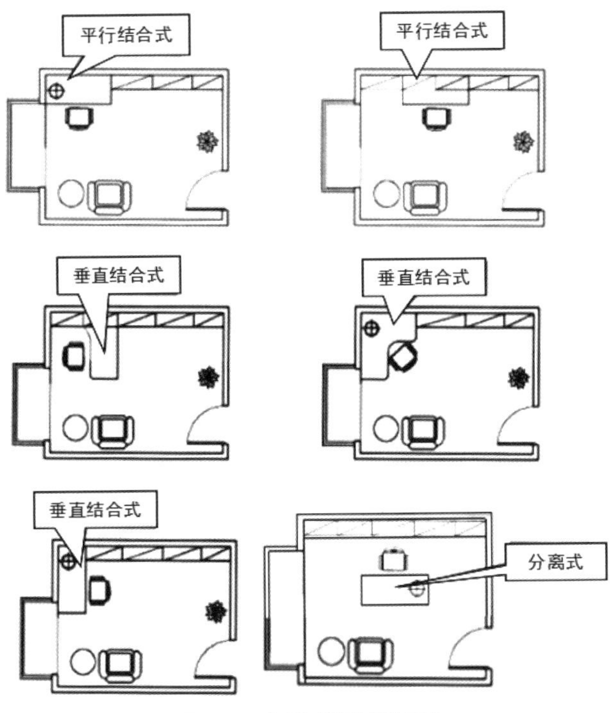

图4-18　书桌和书柜的组合形态

4.2.4.3　定制书柜的设计要点

（1）普通书柜（一字型书柜）的设计要点

设计中要注意书柜两侧是否靠墙，是一侧靠墙还是两侧靠墙，如有靠墙需留20mm左右宽的缝隙，再加封板遮挡，具体如图4-19所示。书柜掩门一般做外掩，客户特殊要求除外。18mm厚无门书柜的深度都为300mm；外掩门书柜的深度都为318mm；36mm厚书柜的深度为360mm；18mm厚趟门书柜的深度为403mm。

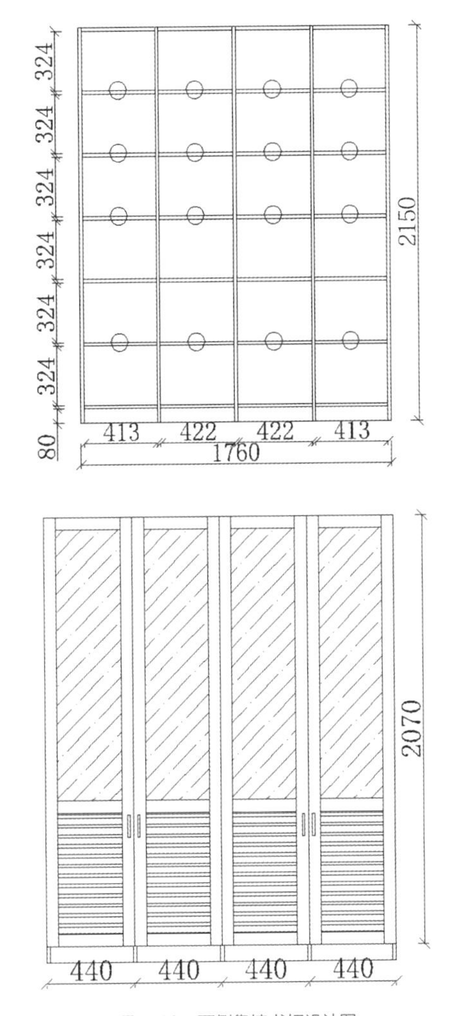

图4-19　两侧靠墙书柜设计图

（2）转角书柜（L型书柜）的设计要点

对于做到两个墙面上的转角书柜来说，需要在两侧靠墙位置预留缝隙后加封板。转角柜一般做成三个部分，两部分直柜，转角部分单做。对于直柜部分如果超过2400mm可以一分为二，如图4-20至图4-22所示。

书柜设计是最能体现设计师功底的。实用、美观、简单而不呆板，还要兼顾造价。基本上可以遵循开门衣柜的设计，无非是柜体深度做浅，另外需要考虑书的重量，不要做宽度超过600mm的活动隔板。

此外，如果书柜中不仅仅是储藏书，还会有部分展示的功用，如放置相框、影集、画作或者艺术品等，也需要设计层板稍厚的书柜。一般情况下，书柜的设计要符合标准化设计，符合32mm系统设计。

4.2.5 榻榻米

对于很多家庭来说，单一功能的书房已无法满足需求。在书房设计榻榻米，不仅可以满足强大的藏书

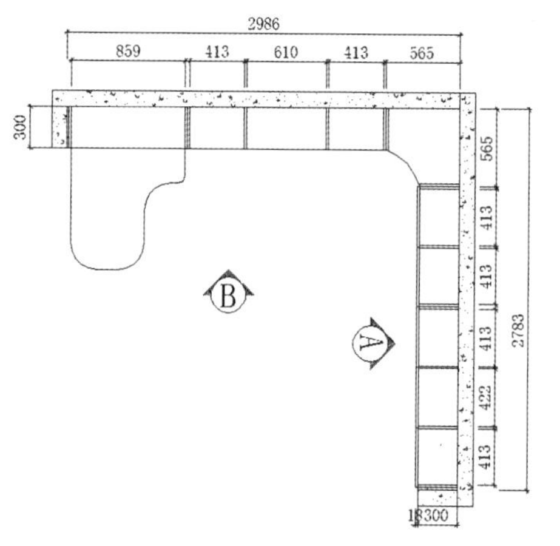

图4-20 转角书柜平面布局图

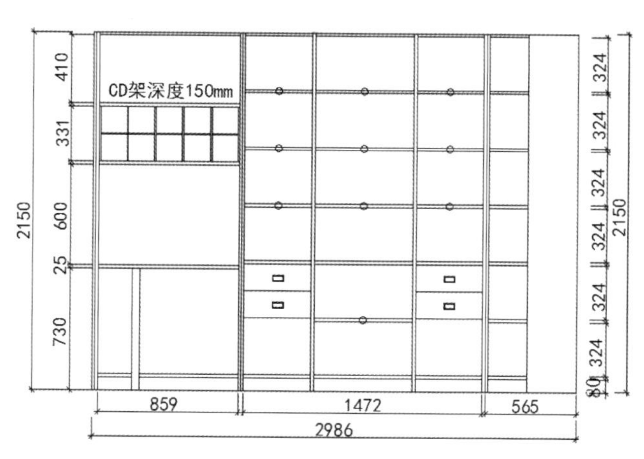

图4-21 转角书柜B面结构图

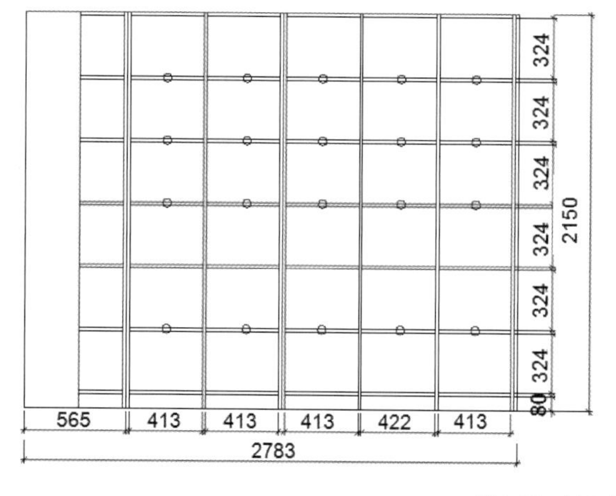

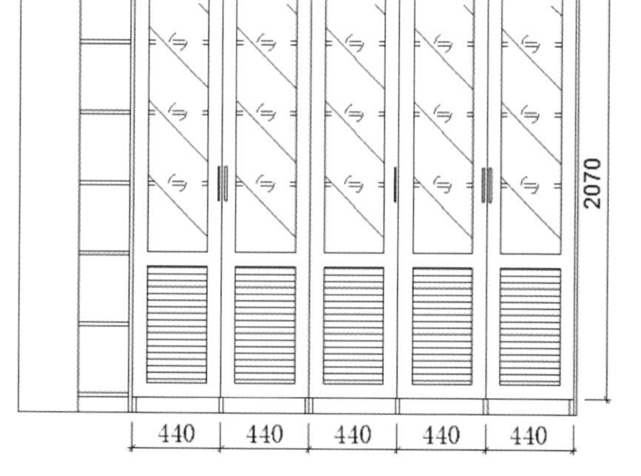

图4-22 转角书柜A面结构图

收纳需求，还能满足学习、工作以及临时客房等需求。榻榻米为木制品，木地台受潮会导致生虫、腐烂等问题。铺设榻榻米底架前要注意防虫、防潮处理，留出透气孔，保持通风。

4.2.5.1 榻榻米的特点

（1）空间利用率高

现在的榻榻米具有替代桌子、沙发、床和椅子等家具的功能，可以避免室内家具过多而变得杂乱无章。

（2）功能多样

现代的榻榻米设计非常多样，可以将书柜、衣柜或者书桌设计在榻榻米的上方，榻榻米自身也可以设计为局部可升降式或阶梯式，这样一个榻榻米就能够实现书房、卧室、客厅等多种功能空间的自由切换，如图4-23所示。

（3）储藏空间多

榻榻米床下方通常是用来储物的，会设置抽屉、储物柜或者床上表面的木板可以掀开，便于利用下方的空间。

（4）舒适随意

家里地板上采用榻榻米，人们可以随意赤脚在上面行走，非常舒适，其软硬适中的质地，还有利于儿童的骨骼发育。

4.2.5.2 榻榻米设计原则

榻榻米设计原则

（1）合理规划空间

空间在榻榻米设计中很重要。现如今榻榻米的使用主要是在客厅和书房。当然，有的家庭将卧室也会设计成榻榻米的形式。榻榻米的好处是人们可以坐在上面休息。书房空间一般比客厅都要小一些，因此书房设计成榻榻米时也有一些详细要求。比如说设计时需要合理规划空间，要保证书柜有足够的空间，而后再进行榻榻米空间规划方面的设计。

图4-23 榻榻米的样式

（2）注意颜色搭配

千万不要觉得榻榻米和书房墙壁、地板等之间没有联系，事实上他们有着非常强烈的联系。在榻榻米设计方面一定要特别注意颜色上的搭配。榻榻米有很多颜色，比如黄色、紫红色等。地板和榻榻米颜色应该尽量一致，但是也可以有一些区分。榻榻米颜色可以通过垫子来改变。总之，书柜、书房墙壁、地板、榻榻米颜色一定要统一起来。

（3）保证榻榻米的功能

在书房里用榻榻米的情况也许不是为了读书。现在很多人在接待客人的时候喜欢去书房，书房有榻榻米的好处就是大家可以坐在一起品茶。

4.2.5.3 榻榻米的类型

榻榻米的类型有榻榻米+升降台、榻榻米+储物柜、榻榻米床+衣柜+书架、榻榻米+吊柜，如图4-24所示。

（1）榻榻米+升降台

榻榻米升降台实现了一个空间多种功能。将升降台升起，榻榻米就可以作为书房、茶室等；将升降台降下，书房就成了儿童的娱乐区域，不担心会发生磕碰。总之，

榻榻米 + 升降台

榻榻米 + 储物柜

榻榻米床 + 衣柜 + 书架

榻榻米 + 吊柜

图4-24　榻榻米的类型

榻榻米升降台实现一室多功能的特点，满足了现代大多数小户型家庭的需求。

在定制榻榻米之前先订购榻榻米升降台，可以让定制家具店的设计师根据升降台的高度和应用桌面的大小来设计定制（桌面尺寸一般为1000mm×1000mm为佳），以免造成尺寸上面的误差，影响到榻榻米的使用。

（2）榻榻米+储物柜

具有超强储物功能的榻榻米，让空间更加整洁干净。除了地台外侧的抽屉，床面的上翻门之下，还隐藏了大面积的收纳空间，能够收纳居住人更多更大件的物品。

（3）榻榻米床+衣柜+书架

如果你希望装榻榻米的这间房既可以当卧室又可以当书房，可以选择在榻榻米床头或者床尾安装衣柜、书架和书桌，这样不仅可以收纳衣物，还可以作为书架用来办公，一举多得。

榻榻米与书柜、书桌设计技巧

（4）榻榻米+吊柜

由于户型原因，榻榻米床可能会出现尺寸没有富余的情况，这个时候如果在榻榻米床尾安装满屏的柜子就不太合适，可以参考下面的设计方法，将柜子稍微向上提一提，预留出伸脚的地方。

这样把柜体吊在床的上方，不会太占床的位置，如果榻榻米床头或者床尾没有多余的位置，把柜体设置在上方也不失为一个好办法。

为了丰富榻榻米房的功能，也可以取消大面积的书柜与衣柜，直接把书桌延伸到床尾，床尾也可以当成座位，电脑可以充当电视，躺在床上看剧，非常不错。

榻榻米之下的空间可以作为储物空间，设计抽屉式的柜体。但是在设计时要注意面板的承重能力。结实耐用的实木面板是很好的。如果家里安装了地暖，榻榻米之下的空间就不宜作为储物空间了，对储物空间的物品加热，也许会损坏物品。

4.2.5.4　榻榻米的设计要点

如果书房有充足的空间，可以把书房休闲区设计为榻榻米，这样在工作疲惫的时候可以休息片刻。一般书房当中榻榻米按床的尺寸设计长为1900～2000mm，宽为1000～1500mm，高为400～450mm。

客户可根据自己家里的实际面积来选择，还可以根据不同的空间进行不同的设计。常见的榻榻米类型有两面靠墙的，也有三面靠墙的，如果空间足够大，还可以与柜体结合在一起。

（1）两面或三面靠墙的榻榻米

对于这一类榻榻米来说，结构比较简单。内部是由一个一个的小箱体组成，这些小的箱体可以用来储物，对于榻榻米外露的部分需要加一块大的封板遮挡，里面靠墙部分也需要预留缝隙，然后加小封板条或收口条，如图4-25和图4-26所示。

（2）上面带柜体的榻榻米

对于空间比较大的房间来

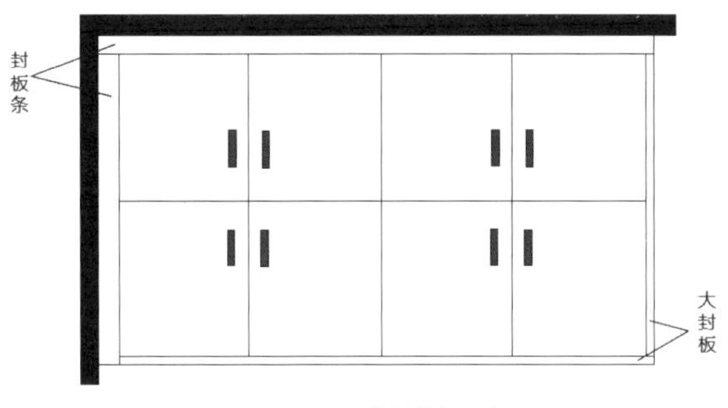

图4-25　两面靠墙的榻榻米

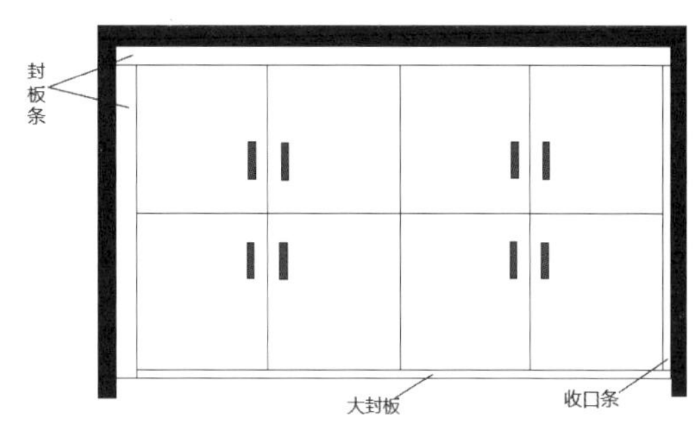

图4-26　三面靠墙的榻榻米

说，榻榻米上方一般设置柜体，如榻榻米+储物柜、榻榻米+衣柜，或者加学习桌等，在设计中需要注意榻榻米与其他家具之间的联系。

榻榻米有标准正规矩形和非标准矩形，正规矩形的长宽比为2：1，榻榻米尺寸规格为1800㎜×900㎜，标准厚度为35，45，55㎜，但一般均采用55㎜厚度规格，这一点是需要注意的。

4.3　书房定制设计要点及防错

书房定制设计具体包括书房空间布局设计、书房产品设计、书房电位设计及障碍物的避让。

4.3.1　书房空间布局设计注意事项

空间布局在整个书房定制设计中占有重要的位置，布局的好坏直接影响设计的整体效果，产品设计有前后顺序，产品间也要预留合理的活动区域，因此要综合考虑这些因素，做到合理布局，才能使设计更符合要求。

（1）产品布局顺序

书房家具产品的布局顺序一般为：①书桌—②书柜—③休闲区—④其他，如图4-27所示。

在进行书房布局设计的过程中，注意书桌遮挡飘窗不能超过1/3，如图4-28所示，遮挡超过了1/3，会影响房间采光及遮挡视线。

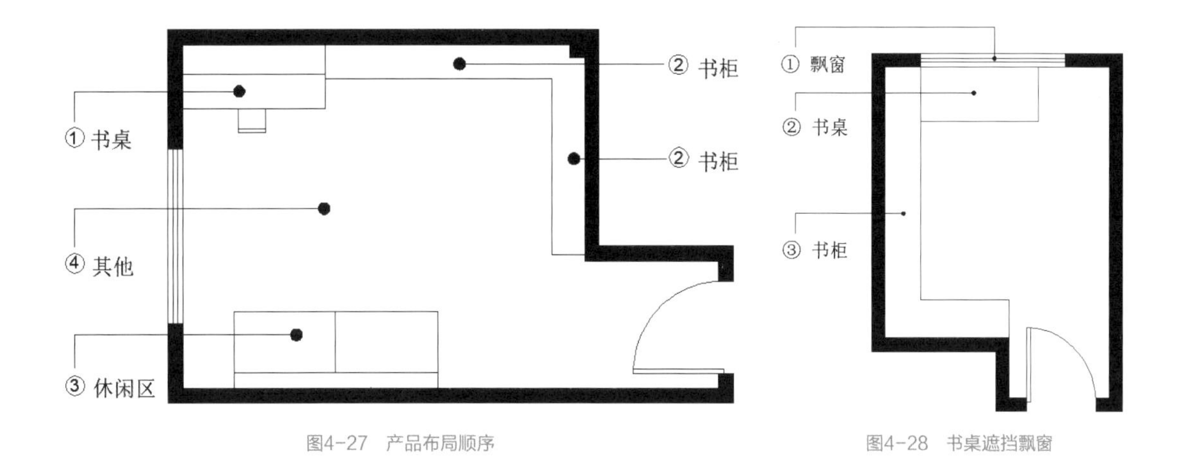

图4-27　产品布局顺序

图4-28　书桌遮挡飘窗

（2）产品空间尺寸预留

在进行产品位置及大小设计时，要注意以下几个方面（见图4-29）：

①家具产品位置是否遮挡电位（核对测量图），若有遮挡请仔细考虑。

②靠墙产品是否需要避开地脚线，系统柜脚线标配高度有100mm和120mm。

③掩门书柜打开空间≥门板尺寸+500mm。

④产品间走动过道≥600mm。

⑤电脑椅座位空间预留必须≥800mm，否则影响使用。

4.3.2 书房产品设计要点及防错

书房定制产品主要包括书桌和书柜，在定制设计中往往容易出错，我们需要注意以下几个方面。

（1）书桌设计标准

①书桌、书柜满墙注意预留尺寸，如图4-30所示。

②书桌抽屉柜或钢架是否被窗台石挡住，设计时注意避让。

③书桌背面见光需加见光板，标准书桌背面默认不见光，书桌背板采用9mm，见光时不美观，如图4-31所示。

④转角书桌的尺寸不能超过板件2400mm×1200mm尺寸，厚度标准为25mm，并且不能加工新古典造型。

⑤考虑内空尺寸是否够装键盘抽，标准木键盘抽尺寸为600mm×516mm×138mm。

（2）书柜设计标准

①书柜层板设计不要超过600mm，避免变形。

②底层屉面下沿离地面高不小于50mm，顶层抽屉上沿离地高度不大于1250mm。

图4-29 书房尺寸预留

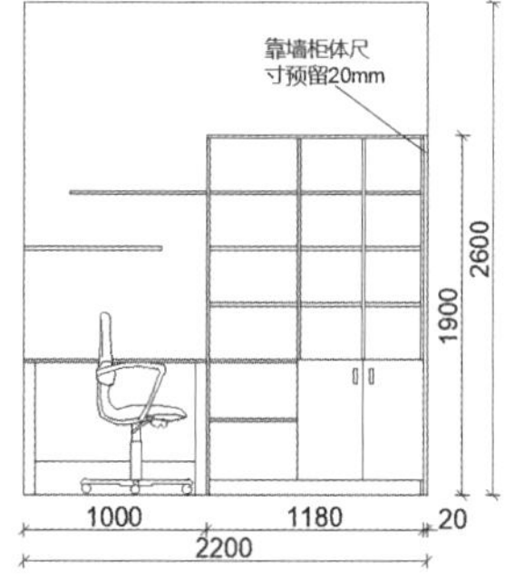

图4-30 满墙书柜、书桌设计

图4-31 书桌背面见光

③自带拉手铝框玻璃门注意是否会挡住其他门板或抽屉的打开，三扇铝框门会相互干涉，注意跟客户沟通或改装明拉手。

④书柜深度一般用标准298mm，如选择太深的书柜会遮挡住书的取放及识别。

⑤35mm板件只能做直角，不能做切角和倒圆。

⑥书柜注意不要遮挡住电位的使用，如遮挡应采取避让或设置开敞区不加背板。

4.3.3 书房电位设计及障碍物的避让

对于书房定制家具来说，除了空间布局及家具设计之外，另外会影响空间使用的因素是电位及障碍物，那么如何进行书房的电位设计以及如何对障碍物进行避让也是定制设计的重点。

4.3.3.1 书房电位设计

如今各种家用电器，用电设备越来越多，相应的房间插座也越来越多，开关和插座的安排也成为空间定制设计的重点，对

书房电位布局要点

于书房来说最为合理的电位有以下几点：

（1）书房开关插座

①插座：电脑1个（三孔带开关）、空调1个（三孔带开关）、书桌边1个（台灯）、预留1～2个。于插座内加入USB插头、wifi接口等。

②开关：装饰效果灯开关。使用遥控与面板双开关。

（2）书房电位布置

①书桌需要设相关电源2个以上，也可在不显眼的书桌上放插座。

②书房如果有沙发，一般沙发角设置1组电源插座，也可插落地灯。

③书房空调插座需要在距地1800mm位置。

④书房主灯位置在进门位置，距地1400mm位置。

⑤若网络电话中心放在书房，需要配备电源插座。

⑥书房需要设机动插座1～2个，如图4-32所示。

4.3.3.2 书房障碍物的避让

在书房空间中，有时会遇到障碍物梁柱，由于书柜的设计一般不到顶，故梁对书房家具的设计影响不大，但若有柱如图4-33所示，则需要处理。

（1）书柜遇柱的处理

对于墙角有立柱的书柜设计，当立柱的宽度a＜100mm时，一般使用收口板的方法来处理，应避免柜背开缺口方法处理，如图4-34所示；当立柱的宽度a＞100mm，而深度b＜100mm时，设计一个稍比柱宽的深度非标小柜，如图4-35所示，此时应注意使用双侧板，以方便非标小柜钉背板用。如果柱子深度较大，即$b \geqslant \frac{1}{2}$柜深时，就没有必要做浅柜了，直接避开，用封板遮挡即可。

图4-32 书桌电位布置

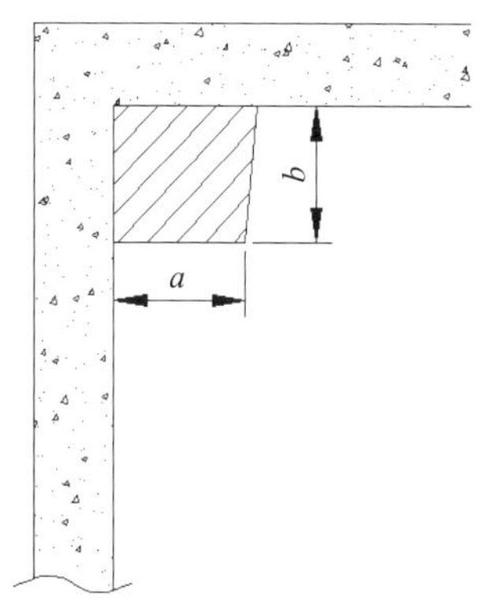

图4-33 书房立柱

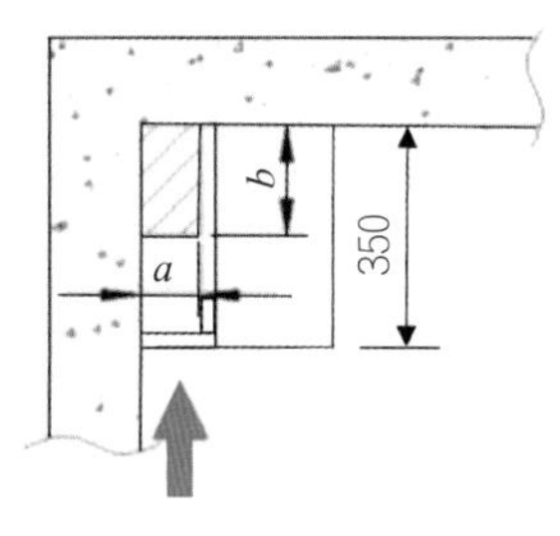

图4-34 书柜直接避开柱

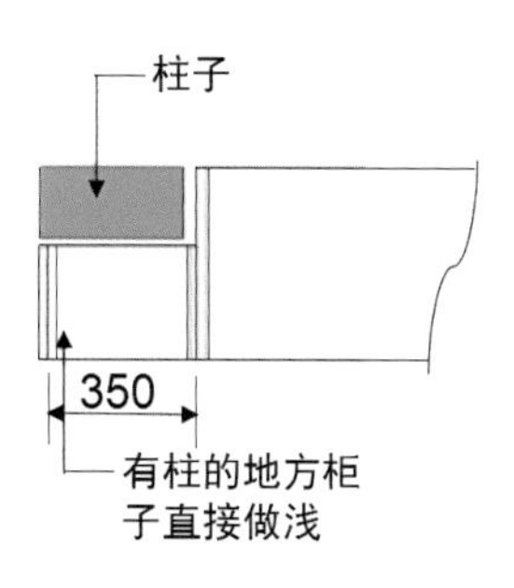

图4-35 书柜做浅

（2）书桌遇柱的处理

当设计的书桌遇到柱子的时候，一般采取桌面切角、桌下避开的方式，如图4-36所示，这样既可以避开柱子，又可以节约空间。若柱子较大时，一般采取避开的方式，在柱子周围加上挡板，如图4-37所示。

（3）榻榻米遇柱的处理

榻榻米设计时要注意避柱，立柱断面比较大的，一般采取直接避开加封板遮挡，立柱断面较小的，榻榻米单元需要做切角处理。

在定制家具设计时，若遇到踢脚板时，可建议拆除，若客户不愿拆除时，可采用局部切角处理。

图4-36　书桌桌面切角　　图4-37　桌面直接避开立柱

作为定制家具设计师，不但要掌握专业技能，同时要具备专业的服务能力和服务意识，设计师从接到订单开始，就把客户满意度当成自己的最高目标和使命责任。在书房定制家具设计过程中，对于出现的困难要不急不躁，虚心学习，以优秀设计师为榜样，以劳模事迹为动力，以客户所想所需为己任，尽自己最大努力满足客户需求。

思考与练习

1. 如何做好书房的布局？从哪些方面考虑？
2. 常见的书房家具有哪些？书房家具选用依据是什么？
3. 书房家具的功能尺寸及设计依据有哪些？
4. 书桌定制设计的要点有哪些？是如何实现的？
5. 书柜定制设计的注意事项有哪些？
6. 榻榻米的定制设计中需要考虑的因素有哪些？
7. 劳模精神的内涵包括哪些方面？

5 客餐厅定制家具设计

知识目标：了解客餐厅的设计要素及设计原则；熟悉客餐厅空间功能及布局特点；掌握客餐厅家具的类型、特点及相关尺寸要求；掌握客餐厅家具结构及下单要点。

能力目标：能够结合使用要求对客餐厅进行合理布局；能够完成客餐厅家具造型、结构、功能及尺寸设计；能够完成客餐厅的整体方案设计。

思政目标：通过客餐厅家具定制的实操演练，让学生领会到作为设计师要充分考虑用户个体的特殊需求，以人为本，锻炼学生的创新理念、创新思维，培养学生勇于开拓、爱岗敬业的工作态度。

在现代生活中，客厅是每个家庭中最令人注目的地方，并负有联系内外、沟通宾主的使命。它多以居家主人的审美意识为出发点，体现居家文化的主体要求，表现个人独特的美学意境与形式。而衣、食、住、行是大家赖以生存的根本需求，食更是必不可少的重中之重，因此，客餐厅的定制设计不仅要注重居室的实用性，而且还要体现现代社会生活的精致与个性，符合现代人的生活品位。

5.1 客餐厅设计基础知识

客厅和餐厅是家庭聚会的场所，在空间布局上要做到有机分开，既要能区分客厅和餐厅的功能性，还要让二者在整体空间里紧密联系，和谐统一。下面从3个方面阐述客餐厅定制设计中涉及的基础知识。

5.1.1 客餐厅的类型

狭义来说，客餐厅就是包括家庭活动、会客、就餐在内的功能空间。广义来说，客餐厅是指多功能的复合空

客餐厅结合型

客餐厅连接型

客餐厅分离型

图5-1　客餐厅的类型

间，根据不同家庭构成的不同使用需求，包括娱乐休闲、会客、用餐、学习、办公、家务、休息等。结合现代人们的生活方式，客餐厅根据不同的分类方式有不同的类型。

客餐厅类型

5.1.1.1 根据客餐厅相对位置分类

根据相对位置分有客餐厅结合型、客餐厅连接型、客餐厅分离型，如图5-1所示。

①客餐厅结合型：通常是餐厅附加于客厅，而“餐厅”一般是一张供给用餐的桌子，结合型的餐桌一般为隐藏式或者多功能式（可用于其他用途，如吧台等），适用于单身公寓等极小户型。

②客餐厅连接型：客厅与餐厅相结合的设计，主要有两个功能区相连及两个功能区相叠（多功能家具）两种，这样的设计方式不仅能够节省空间，并且能够增强空间通透性，给空间营造一种整体感和空间感，比较适合较小户型。

③客餐厅分离型：客餐厅分离不仅能分开两个功能区活动的相互干扰，并且可以用隔断或通道等方式来隔开两个空间，能使空间更有层次感和神秘感，营造一种幽静迂回之感，比较适合较大户型。

5.1.1.2 根据客厅的布置分类

以沙发作为参考物，进行客厅的布置分类，分为普遍型和休闲型，如图5-2和图5-3所示。

（1）普遍型

①“一”字型布置：“一”字型布置常见，沙发沿一面墙摆开呈“一”字状，前面摆放茶几，对于起居室较小的家庭可采用。

“一”字型

“L”型

“C”型

图5-2 普遍型客厅布局类型

②“L”型布置：“L”型布置是沿两面相邻的墙面布置沙发，其平面呈“L”型，此种布置大方、直率，可在对面设置视听柜或放置一幅整墙大的壁画，这是常见且合时宜的布置。

③“C”型布置：“C”型布置是沿三面相邻的墙面布置沙发，中间放茶几，此种布置入座方便，交谈容易，视线能顾及一切，对于热衷社交的家庭来说是再合适不过了。

（2）休闲型

①对角布置：对角布置是两组沙发呈对角，垂直不对称布置显得轻松活泼，方便舒适。

②对称式布置：对称式布置类似中国传统布置形式，气氛庄重，位置层次感强，适于较严谨的家庭采用。

③四方形布置：四方形布置十分轻松，可以围绕茶几或者桌子随意组合，适合喜欢下棋、多交谈的家庭，游戏者可各据一方，爱玩的家庭也可采用类似的布置。

另外，还有一种地台式布置，地台式布置利用地台和下沉的地坪，不设具体座椅，只用靠垫来调节座位，松紧随意，十分自在，地台也可作临时睡床等多种用途，是一种颇为别致的布置类型。

5.1.1.3 根据餐厅的布置分类

以餐桌作为参考物，进行餐厅的布置分类，如图5-4所示。

①“口”型布置：最常见，也是最简单的布置方式，只有餐桌餐椅，方便就餐。

②“口+I”型布置：在“口”

型基础上多了一列置物柜，可存放餐具等，置物柜通常靠墙摆放。

③“F”型布置：用于家庭成员不多的家庭，可以将餐桌与柜体结合，实现能用更少的空间来满足用餐、存储餐具、存储酒具等更多功能，实现多功能一体化。

④“口+L”型布置：用于户型较大的家庭餐厅区，除了用于日常进餐之外，也会增加储酒等功能，所以会在餐厅区放置酒柜等功能柜体，形成“口+L”的格局。

对角布置

四方形布置

对称式布置

图5-3 休闲型客厅布局类型

“口”型布置

“口 +I”型布置

“F”型布置

“口 +L”型布置

图5-4 餐厅的布局类型

5.1.2 客餐厅设计标准

在进行客餐厅定制设计时，不仅要考虑其设计原则，还需要贴近客户需求，要从采光、人体工程学、安全、舒适、收纳等方面考虑。做到了解客户需求，掌握客户的基本需求，挖掘客户的内在需求；还要会处理特殊空间，比如零碎空间：包梁包柱、阴阳角处理、空间隔断、窗、边角、床底、桌底等空间的综合利用。能够结合房屋空间结构、使用者的特点、使用频率进行合理分区。

5.1.2.1 客餐厅设计原则

（1）风格要明确

客厅是家庭住宅的核心区域，空间是开放性的，它的风格基调往往是家居格调的主脉，决定着整个居室的风格，因此，确定好客厅的装修风格十分重要。可以根据自己的喜好选择传统风格、现代风格、混搭风格、中式风格或西式风格等。客厅的风格可以通过多种手法来实现，比如吊顶设计、灯光设计及后期的配饰，色彩的不同运用更适合表现客厅的不同风格，突出空间感。

（2）个性要鲜明

如果说厨卫的装修是主人生活质量的反映，那么客厅的装修则是主人的审美品位和生活情趣的反映，讲究的是个性。厨卫装修可以通过装成品的“整体厨房”“整体浴室”来提高生活质量和装修档次，但客厅必须有自己独到的东西。不同的客厅装修中，每一个细小的差别往往都能折射出主人不同的人生观及修养、品位，因此设计客厅时要用心，要有匠心。个性可以通过装修材料、装修手段的选择及家具的摆放来表现，但更多地是通过配饰等软装饰来表现，如工艺品、字画、坐垫、布艺等，这些更能展示主人的修养。

（3）分区要合理

客厅要实用，就必须根据自己的需要进行合理的功能分区。如果家人看电视的时间非常多，那么就可以以视听柜为客厅中心，来确定沙发的位置和走向；如果不常看电视，客人又多，则完全可以以会客区为客厅的中心。客厅区域划分可以采用“硬性划分”和“软性划分”两种办法。软性划分是用“暗示法”塑造空间，利用不同装修材料、装饰手法、特色家具、灯光造型等来划分，如通过吊顶从上部空间将会客区与就餐区划分开来，地面上也可以通过局部铺地毯等手段把不同的区域划分开来。家具的陈设方式可以分为两类：规则（对称）式和自由式。小空间的家具布置宜以集中为主，大空间则以分散为主。硬性划分是把空间分成相对封闭的几个区域来实现不同的功能，主要是通过隔断、家具的设置，从大空间中独立出一些小空间来。

（4）重点要突出

客厅有顶面、地面及四面墙壁，因为视角的关系，墙面理所当然地成为重点。但四面墙也不能平均用力，应确立一面主题墙。主题墙是指客厅中最引人注目的一面墙，一般是放置电视、音响的那面墙。在主题墙上，可以运用各种装饰材料做一些造型，以突出整个客厅的装饰风格，使用较多的如各种毛坯石板、木材等。主题墙是客厅装修的“点睛之笔”，有了这个重点，其他三面墙就可以简单一些，“四白落地”即可，如果都做成主题墙，就会给人杂乱无章的感觉。顶面与地面是两个水平面。顶面在人的上方，顶面处理对整个空间起决定性作用，对空间的影响要比地面显著。地面通常是最先引人注意的部分，其色彩、质地和图案能直接影响室内观感。

5.1.2.2 客餐厅设计要求

（1）空间的宽敞化

客厅是会客、家庭交流、小憩的地方，家庭里的一切活动基本上都是在这里展开，所以客厅一定要宽敞，留一些活动的空间，而且宽敞的客厅会使人感到心情愉悦。

（2）空间的最高化

对于客厅来说，不管是否做人工吊顶，都要保证客厅足够高，因为高的客厅会使人感觉到更加宽敞，心胸更加开阔。

（3）景观的最佳化

买房子的时候客户一定是选好了周围的环境，选好了客厅朝向，选好了屋外风景的，在客厅设计中一定要兼顾这几方面，不管从哪个角度看去，看到的客厅都具有美感。

（4）照明的最亮化

客厅应是整个居室光线（不管是自然采光或人工采光）最亮的地方，当然这个亮是相对的；餐厅的设计也尽量保证能有开窗的位置，可以在用餐的时候有一个比较好的视野，如无开窗位置也可用镜面等装饰来增强空间感。

（5）风格的普及化

客餐厅的设计要雅致不张扬，风格的普及化并不代表平庸化，在确保自我个性的时候需要尽量确保居家风格被大众所接受。这种普及是指设计风格和谐，比较容易接受，而不是奇形怪状的随意发挥。

（6）材质的通用化

在客餐厅装修中，必须确保所采用的装修材质，尤其是地面材质能适用于绝大部分或者全部家庭成员，例如在客厅铺设太光滑的砖材，可能就会对老人或小孩造成伤害，或者在餐厅铺设地毯则较难打理。

（7）家具的适用化

上面提到客厅要感觉宽敞，所以家具不要太多，否则会让人觉得眼花缭乱，所以家具实用就行。

（8）交通的最优化

客厅的布局应是最为顺畅的，无论是侧边通过式的客厅还是中间横穿式的客厅，都应确保进入客厅或通过客厅的顺畅。当然，这种确保是在条件允许的情况下。

5.1.2.3 客厅饰面材料的选择

客厅饰面材料的选择应以典雅大方、宽敞舒适、明快和谐为原则；色彩要尽量和谐统一，不能强调过分的对比；饰面材料要尽量采用耐磨、耐用的材料。地面可用地砖、薄板石材、复合地板、硬木地板等。墙面可用涂料、壁纸、装饰面板、木夹板等。吊顶的处理则应尽量简洁、明快，不要过于繁琐、复杂，以免造成居室空间的压抑感。

5.1.2.4 客餐厅装饰

（1）挂画应注意比例及美感

画幅大小应该适中，太大在墙中占的比例过高，造成比例失调。也可以用几幅大小相同的小画一字排开、双排开或不均匀布置，这样既有韵律感，又能有扩展空间的作用，如图5-5所示。

（2）窗帘的作用

窗帘色泽、材料要配合，窗帘盒不要太大，造型要简洁；最好挂双重帘，一层薄质，一层厚质；窗帘布要有足够宽度，要有窗宽度两倍左右，使窗帘能折叠起来成波浪形，否则平坦的形式，毫无生气；窗帘长度不能只及窗台，一定要长出0.3m以上，如果能长及地板，则更显得气派，如图5-6所示。

（3）墙纸的应用

应选用表面光滑、颜色清淡、图案较小的墙纸，最好用菱形图案的墙纸，这样可以使空间有扩张感，切忌用大花大朵的图案，否则整个空间会有一种压迫感，而深重的色调和粗糙的表面都会显得狭小。墙纸的应用如图5-7所示。

（4）花木

客厅是居家的主要活动场所，用树桩或树石盆景及五针松、君子兰等布置，可显得明朗、高雅。客厅

图5-5 客厅挂画的类型

图5-6 客厅窗帘

图5-7 客厅墙纸

不同花木摆设的位置可参考如下建议：大型盆栽植物，如巴西木、假槟榔、香龙血树、南洋杉、苏铁树、橡皮树等，可摆放在客厅入口处、厅角落、楼梯旁；小型观叶植物，如春羽、金血万年青、彩叶芋等，可摆放在茶几、矮柜上；中等型观叶植物，如棕竹、龙舌兰、龟背竹等以及假堤、常青藤、鸭石草等可摆放在桌柜、转角沙发处。

（5）书画

在房间内恰当地挂置书画作品，可有效起到装饰作用，弥补房间的一些不足。

①横向悬挂：几幅比例均匀的字画横挂在一起，可使房间显得视野开阔。

②垂直悬挂：几幅小型书画垂直悬挂，会使室内墙面显得高些。

③对称悬挂：与室内家具陈设呈对称悬挂，如在茶几旁边的两张沙发后上方各挂一幅字画，可增添气派。

④高度合适：根据居室的高度而定，书画的中心一般离地面160cm为宜，横幅字画可略高，但最高不宜超过室内家具的最高处。

（6）色彩

一是可以利用墙饰色彩视差调节空间，比如墙布贴好之后，再从地面至180cm的高度由重至轻喷涂一些与墙布颜色接近又深于墙布的颜料，形成由上至下渐渐远离的效果；二是墙、屋顶、地板，包括窗帘、家具颜色宜浅不宜深，深颜色会使居室显得狭窄，颜色浅可产生视觉舒适感，扩大了视觉空间。

（7）风格

设计要符合顾客需要的家装风格，保持风格的一致性和延续性，空间装修风格延伸到柜体上，相互统一，且户型内各空间的风格具有一定的连续性，包括外观及配色的和谐性、外观美观性（对称、韵律、虚实、重复、节奏、分割等）。对于空间色彩配色一般不能超过两个颜色，如图5-8所示。

白色＋浅木色

白色＋灰色

白色＋棕色

白色＋绿色

图5-8　客餐厅空间色彩搭配

（8）照明

客厅是最大的休闲、活动空间，是家人相聚、娱乐会客的重要场所。既有普通照明需求，还有营造良好的会客环境和家居气氛的需求，这就决定了现代家居客厅应采取多层次的照明方式。

运用主照明和辅助照明的灯光交互搭配营造空间氛围。一般而言，客厅的会客区是中心，兼有休闲、娱乐的功能，这一区域的照明是客厅照明设计的重点，考虑的因素也很多，通常我们可在会客区茶几正上方设主照明。主照明提供客厅空间大面积的光线，灯具可选用吊灯、落地灯、嵌顶灯。照度要比所需要的照度稍微暗淡一些，以会客时看清客人的表情为宜，如不足可用其他形式照明来补充。平时听音乐、看电视时对照度的要求较低，以暗淡柔和的效果为佳。

5.2 客餐厅家具及空间尺度

人的一天大约有1/3的时间是在客餐厅中度过的，客餐厅可以是小型工作室，也可以是充满禅意的私人空间，可以是三五好友小聚之地，也可以是孩子的游乐场。餐厅主要以就餐、待客为主，客餐厅里的家具体积不宜过大、数量不宜过多，要根据空间具体容量进行布置；要注意各家具间的关系，预留足够的空间，确保空间舒适性和功能性。客餐厅定制家具主要有玄关柜、电视柜、隔断柜、酒柜、餐边柜等。

5.2.1 客餐厅功能分区

客厅要实用，就必须根据主人的生活需要进行合理的功能分区，客厅是日常活动的主要场所，因此平面布置应该按会客、娱乐、学习等功能进行划分。

客餐厅家具比例

功能区域划分与通道应该避免相互干扰，餐厅的各个空间一般都有多种用途，如就餐区往往又是会客区，因此，可以利用家具或其他材料进行功能分区。整个客餐厅可分为6个区域：会客区，视听区，收纳区，储物区，休闲区和就餐区。

①会客区：沙发布置，用于接待客人、家人聚会、休息。

②视听区：电视及电视柜的布置，用于看电视、听音乐。

③收纳区：鞋柜、酒柜布局的地方，用于收拾存放鞋帽、酒品。

④储物区：储物柜、电视柜等布局的地方，用于存放物品、装饰品等。

⑤休闲区：飘窗、休闲椅、按摩椅等布局的区域，用于休闲娱乐等。

⑥用餐区：餐桌椅、餐边柜、酒柜等，餐厅尽量靠近厨房，方便就餐和上菜，最好用小屏风或人造矮墙与其他功能区分开。

各个区域相对独立又相互交融，让有限的空间得到最大的发挥。另外，还有一些空间，如通行活动空间和弹性多功能空间。通行活动空间可进行缝补、洗熨、制作、养鱼及花草等家务劳作。弹性多功能空间是指客厅面积适宜时可采用大沙发，可解决远方来访的亲朋好友的临时住宿问题，同时还可以增加主人爱好的区域，具体划分如图5-9所示。

客厅和餐厅要做到有机分开，中间隔离物，如吧台、柜，不要做得太满，要给人以隔而不断的感觉。客厅里家具布置要得当，不宜摆放过多，体积也不宜过大。确定家具的摆放位置前，首先要为厅区定出一个焦点，这个焦点可以是音响组合、茶几、集聚放置的植物等，家具则围绕焦点摆放，为这个厅区焦点营造一股凝聚力。

5.2.2 客餐厅空间布局与人员动线

客厅一般在居室中的正中位置，在进行家具布局的时候，还需要根据方位进行家居摆件的放置，也要注意客厅的通风和采光等问题。客餐厅空间功能应讲求划分合理、协调统一、过渡缓和。客餐厅的通道要简洁，空间要宽敞，光线要明亮，达到温馨、具有亲和力是主旨。总的来说，客餐厅的布局要根据人的活动规律、人体各部位尺寸和使用家具时的姿态来确定家具的摆放位置以及大小。

客餐厅空间布局

5.2.2.1 客厅空间布局与人员动线

从一进家门到客厅或从客厅到其他卧室空间，若是能掌握出入动线的简化，将可让客厅看起来更明亮、宽敞，也可以提升整个房子的使用功能。

沙发是客厅的主要家具，它是用来满足人们的放松与休息的需求，如果空间够大，一般应增加其尺寸，如果空间不是特别宽敞，沙发应该尽量靠墙摆放，在摆放时要注意其空间尺度，如图5-10所示。

（1）沙发转角的布置及相关尺寸

单个沙发所占空间1200mm×1100mm，转角位可通行空间尺寸为750～1500mm，如图5-11所示。

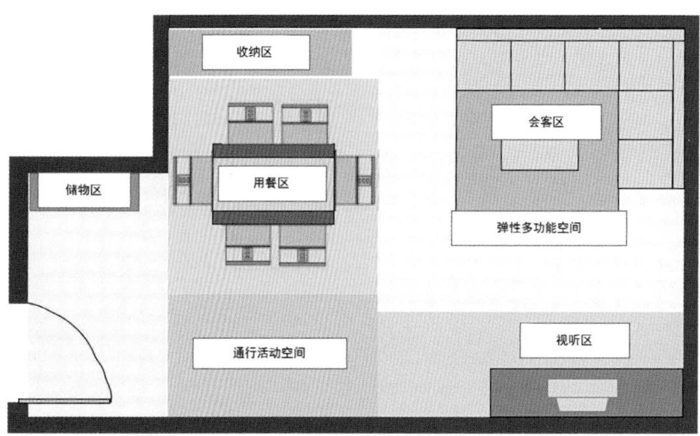

图5-9 客餐厅功能空间的划分

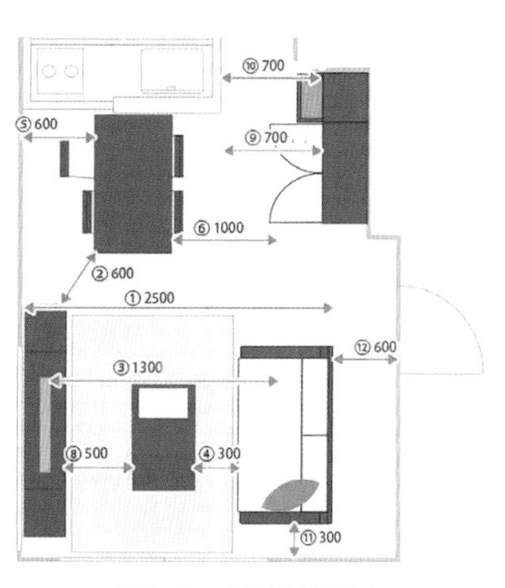

图5-10 客餐厅空间尺寸

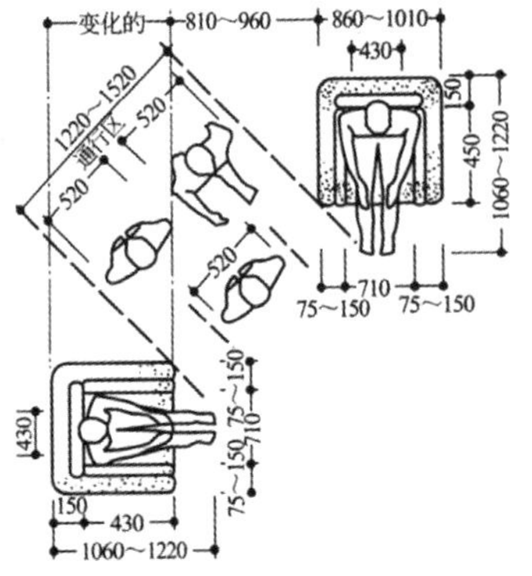

可通行拐角处沙发布置

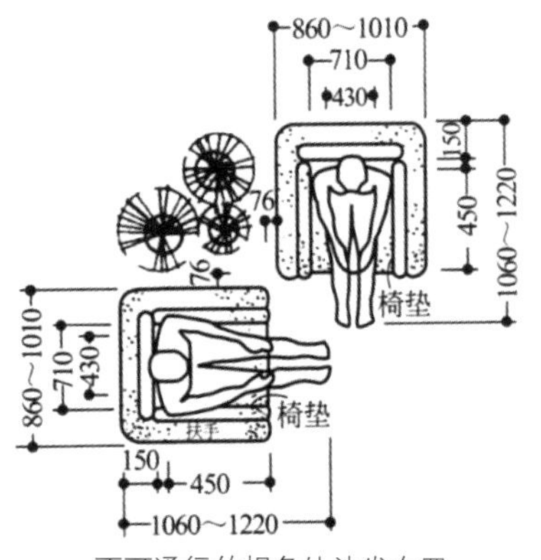

不可通行的拐角处沙发布置

图5-11 转角沙发及布置尺寸

（2）沙发与茶几的布置及相关尺寸

沙发到茶几的距离一般为300mm以上，如果能留出400mm以上就能愉快地放松脚了。特别对于矮式沙发来说，姿势基本是躺在靠背上的，能够留出400mm以上的空间才不会显得局促，如图5-12所示。

常见茶几高为300～400mm，沙发距茶几不可通行的尺寸为400～450mm，可通行最小尺寸为750mm，是人腿部所占区域加人侧身通过尺寸，如图5-13所示。

茶几到电视柜的距离500mm以上，这是为了便于操作电视柜中的各种影音器械。

（3）沙发到电视的相关尺寸

沙发到电视柜的距离2500mm以上，太近的距离会影响视线，当然，结合屋内的实际宽度调整合适的距离是非常必要的。

电视屏幕到视点的距离1300mm以上，一般来说，电视越大，这个距离就需要留越大。37in屏幕的话，最好能够留出1400mm间距，40in屏幕应留出1500mm左右间距为佳。

5.2.2.2 餐厅空间布局与人员动线

（1）餐边柜及酒柜的空间尺寸

酒柜的活动区域的尺寸如图5-14所示，餐边柜前需要留800mm以上。

（2）餐桌椅的空间尺度

餐桌的标准高度一般为720mm左右，这是桌子的合适高度，一般餐椅的高度为450mm较为舒适。椅子周边一般需要600mm以上，椅子+通道需要1000mm以上，如图5-15所示。

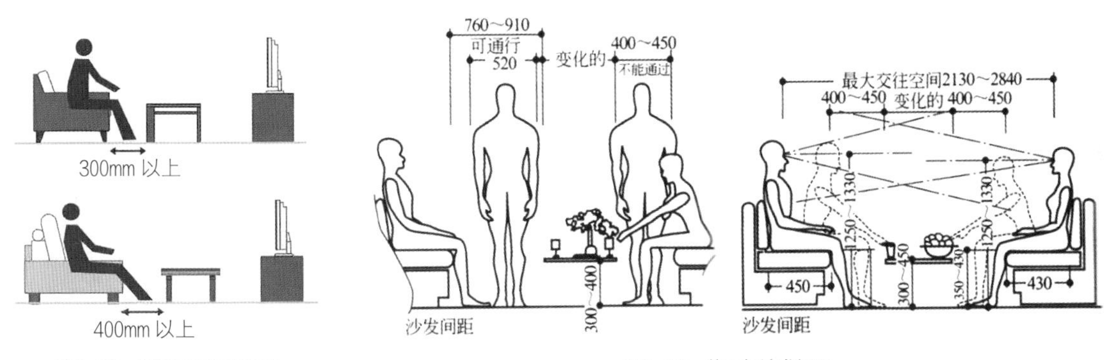

图5-12 沙发与茶几的距离

图5-13 茶几与沙发间距

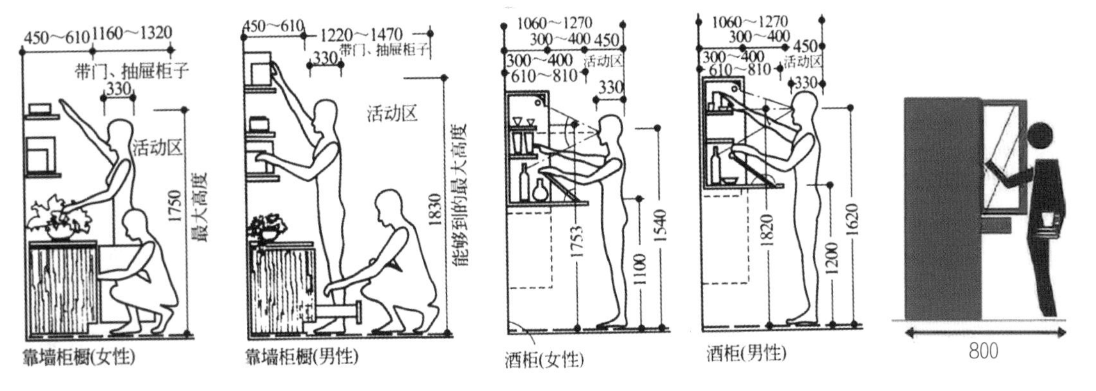

图5-14 酒柜设计的相关尺寸

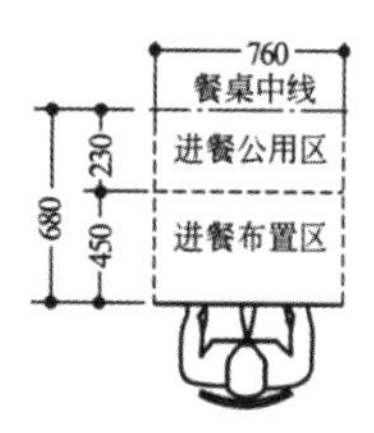

最佳进餐布置尺寸

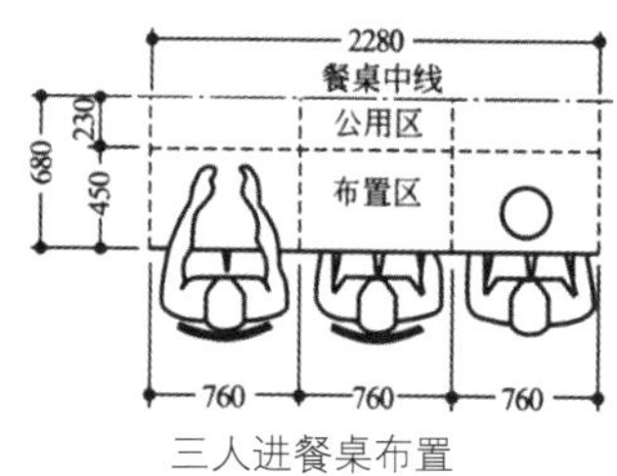

三人进餐桌布置

最小进餐布置尺寸

最小就座区间距（不能通行）

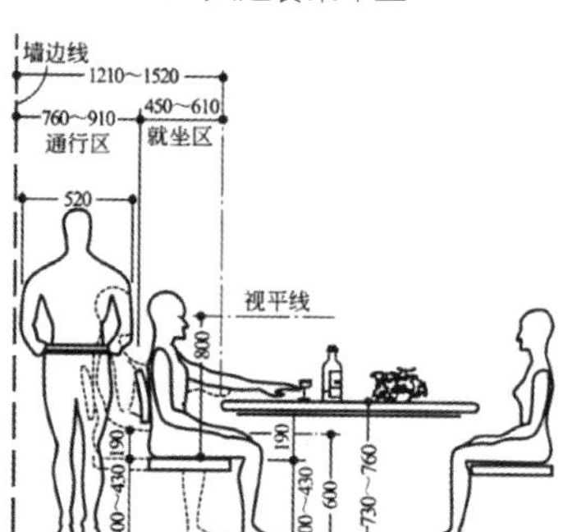

座椅后最小可通行间距

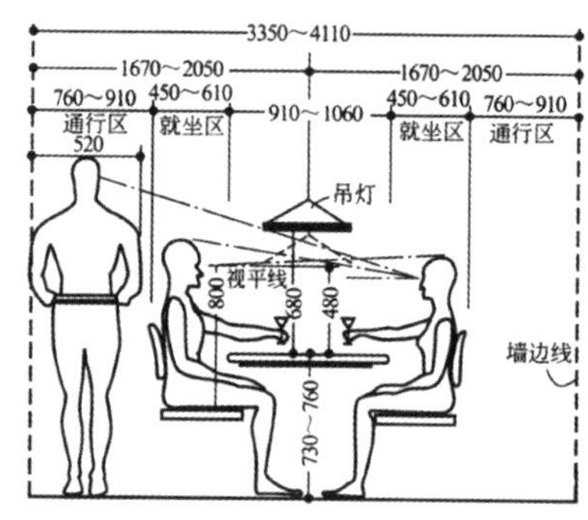

最小用餐单元宽度

图5-15　餐厅家具空间尺度及人员动线

餐桌离墙的距离一般为800mm，这个距离是包括把椅子拉出来，以及能使就餐的人方便活动的最小距离。一般人们用餐时还是希望能有一个宽敞的空间，可以随意进出，所以如果离墙的距离过近，会使用餐不太舒适。

家具之间的通道，保证一个人通过的标准尺寸是600mm，两个人同时通过则为900～1200mm。如果是经常利用的主通道或是有需要搬运东西的通道，最好能够留出800mm以上的空间，人能够横着通过的最小宽度大约为300mm。

5.2.3　客餐厅家具

入户柜

5.2.3.1　玄关柜

入户区作为进门卸下包袱、方便待客的重要场所，应具备放鞋、休息、摆放物品、挂放衣包、储存杂物等功能。

（1）玄关柜的作用

①起到装饰作用：玄关是推开门后的第一感受，进门玄关可以起到画龙点睛的作用，恰当的玄关摆放能使客人眼前一亮。

②保护主人私密性：通过玄关隔断，避免让人一进门就对整体家居一目了然，同时也增加了房屋的私密性，成为一个视觉屏障。

③客厅储物收纳：进门玄关是经常出入的地方，临时存放衣帽、鞋子、皮包等物品，玄关柜的作用比较强大，还可以放置诸如吸尘器、苍蝇拍等日常用品，为了增加美观性，鞋柜可以做隐蔽式的，玄关柜的装饰要和整套住宅装饰风格相协调，这样才能起到承上启下的作用。玄关柜是包含玄关鞋柜、玄关柜、玄关衣帽架等综合性的柜体。

另外，比如鞋油、鞋套、雨伞、钥匙、手电筒等各种物品都有可能放在鞋柜内，充分考虑到这些使用功能。还有临时存放挂包、大衣、围巾、帽子、外购物品等。根据空间大小明确客户存放及使用需求，具体如图5-16所示。

（2）玄关柜的类型

①嵌入型玄关柜：首先壁式的玄关柜最常见，也就是将鞋柜设计在靠近入户门的墙壁上，不仅收纳方便，也方便出入更换

定制鞋柜

鞋子和拿取钥匙等物品。这类玄关柜一般分为上下柜体，中间镂空配置平台，柜体上方为开门柜，收纳出门时需要的物品，如安全帽等，下柜有抽屉柜和鞋柜，摆放钥匙、鞋等，满足不同物品收纳需求。也有加换鞋凳的，加挂钩的，还有二者结合的等，如图5-17所示。具体有：

a. 换鞋凳后方留空。如果换鞋凳宽度足够的话，后方的空间留空也是可以的，换鞋的时候包包可以直接放在换鞋凳上。

b. 换鞋凳后方装镜子。出门前喜欢整装仪容，那么最好就是能在玄关里装一面镜子了，而把镜面藏到换鞋凳后方，则是一个不错的选择，在这里镜子不会显

图5-16　玄关柜的功能区

换鞋凳后方留空

换鞋凳后方装镜子

换鞋凳后是开关或电箱

换鞋凳后方带收纳

挂钩装到鞋柜组合里

挂钩直接装到空墙上

洞洞板挂钩

挂钩装在换鞋凳上方

衣帽间玄关柜

图5-17　嵌入型玄关柜

眼，但又能满足使用需要。

c. 换鞋凳后是开关或电箱。如果换鞋凳背后的墙面本来就是电箱、开关或门禁对讲的安装位置，那么最好就继续保持这样的格局，以免安装背板的时候打到后方的电线。

d. 换鞋凳后方带收纳。下面这两个做法是比较独特的，适合鞋柜进深较大的空间，只有进深足够，才能在换鞋凳的基础上，后方还能安装收纳。

e. 挂钩装到鞋柜组合里。如果是定制鞋柜+换鞋凳组合的设计，那么在换鞋凳的后方或者鞋柜留空的位置，就可以留个挂钩的安装位置，把挂钩装到这里，换鞋的时候顺手挂上去，用起来非常方便。

f. 挂钩直接装到空墙上。如果玄关有留空的墙面，那么挂钩直接装到空墙上面，让空间的里面得到最大化的利用，而且挂钩的设计一般比较薄，对空间的通道也不会有什么影响。

g. 洞洞板挂钩。洞洞板是一种灵活的收纳方式，洞洞板收纳架可以提供更加充足而又美观自然的玄关设计视觉。

h. 挂钩装在换鞋凳上方。若是换鞋凳后方的墙面留空，那么在换鞋凳上方的空间安装挂钩也是比较方便的选择，而且这样对过道动线不会有丝毫的影响，实用美观而又方便。

i. 衣帽间玄关柜。希望玄关有更多重收纳功能的屋主，除了鞋柜与杂物柜之外，可以规划衣帽柜，让造访客人有地方悬挂衣帽，屋主也能够在此摆放几件外出衣服，不必老是多跑一趟更衣室。

②隔断型玄关柜：玄关柜不仅具有收纳作用，还能起到隔断的效果。如入户即是餐厅或客厅的户型，可以利用镂空隔断式的玄关柜进行隔断，玄关鞋柜下边方形的柜子可以存放各类的鞋子，上面设计成镂空的挡板，不仅把玄关和客厅做了一个巧妙的划分，还显得别致美观，如图5-18所示。

③装饰型玄关柜：还有一种是具有装饰功能的柜子，这种装饰功能的玄关柜类似于高端豪宅装修中的“端景”，可以在玄关柜上放置一些装饰品或者装饰画，美化空间，营造良好的生活环境。这类柜体把平台当成艺术品或装饰展示，柜内则简单提供鞋子收纳，适合家庭成员较少的情况，如图5-19所示。

（3）玄关柜的功能尺寸

通常情况下，玄关柜的功能是设计成鞋柜使用，鞋的放置方式如图5-20所示。柜部分高度一般在1000mm左右，而根据人体工程学理论，鞋柜的深度一般根据鞋子的长度加上门板厚度和背板开槽位来决

图5-18　隔断型玄关柜

定的，通常以300～400mm为宜。

空间较窄要设计斜放时，深度为260～300mm（含门），鞋柜高度可根据现场及客户需求定。普通鞋格高度为160mm，靴格高度为350～500mm。

如果储物空间足够大，想连鞋盒一起收纳到鞋柜中，深度就要做380～400mm，如果有将真空吸尘器、高尔夫球杆等放置在鞋柜的习惯，深度要在400mm以上。

图5-19　装饰型玄关柜

图5-20　鞋的放置方式

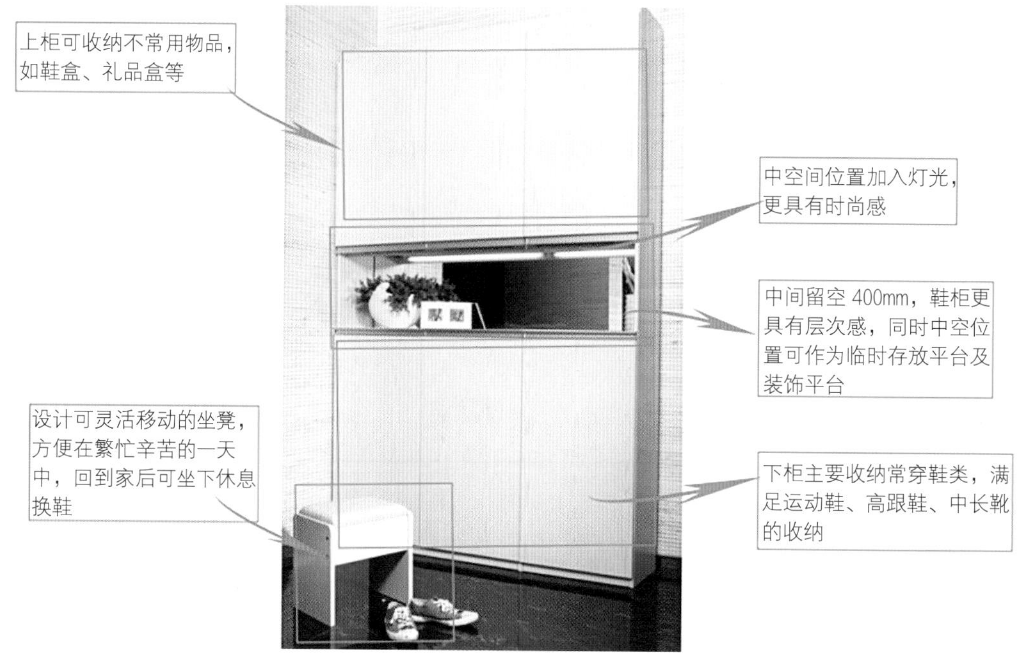

图5-21　中空式玄关柜

入户鞋柜层板之间的高度通常设置为150mm，当鞋子斜放时，深度相应缩短，但隔板高度要增加。也可以在两块板之间添加更多活动层，以便可以根据鞋的高度调整间距。鞋柜活动隔板可以使用8mm板。有坐凳的，坐凳高度为350～400mm，贴镜高度在1800mm以上。而对于中间部分，通常留出一个小台面，用于随手放置一些小物件，一般高度以手部的活动范围为设计依据，如图5-21所示中空式玄关柜。

玄关柜的上部分可以到顶，也可以不到顶，一般与要放置的物品大小有关，如图5-22所示。

图5-22　玄关柜整体的样式

5.2.3.2　电视柜

电视柜在家具中处于很重要的地位，好的电视柜设计可以让人有赏心悦目的感觉。其次，电视柜是摆在客厅的，它从一定程度上也关系到家的脸面，因此，电视柜的设计尤为重要。电视柜的类型如图5-23所示。

电视柜设计技巧

（1）电视柜的类型及功能尺寸

①地柜式电视柜：从形状上来看，地柜式的电视柜是家庭中常见的电视柜款式，其最大的优势在于可以起到不错的装饰作用，而且占用的空间小，能在节省空间的基础上起到最佳的装饰效果。地柜式电视柜的尺寸跟电视的大小有关，同时也跟摆放的位置、环境、房间的色调、空间的大小等有关。一般情况下，电视柜的设计要比实际电视的长度长2/3才可以，这样可方便大家观看电视。电视柜一般长为1200～1600mm，宽为300～

地柜式电视柜

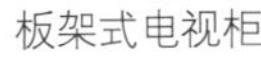
板架式电视柜

组合式电视柜

图5-23 电视柜的类型

400mm，高为350～420mm。

②组合式电视柜：组合式电视柜可以说是地柜式电视柜的升级版，也是目前最受大家喜爱的电视柜样式。其优势就在于组合两个字，能够与地柜、装饰柜和酒柜等柜子组合起来，这样功能和效果都是不错的。组合式电视柜的长为1800～2400mm，宽为300～600mm，高为400～600mm。

③板架式电视柜：板架式电视柜无固定的尺寸，与组合式电视柜差不多，它们的不同之处就在于板架式电视柜是用板材架构设计而成的，与其他款式的电视柜相比，板架式电视柜更加实用、耐用。

（2）电视柜的设计要点

在进行电视柜的设计时一定要确认客户电视机的尺寸，最重要的是深度和宽度。深度不能超过衣柜的净空深度。宽度方向上，还应该留出适当散热空间，一般而言，只做两种宽度：775mm（一个775mm标准抽屉）和975mm（两个475mm标准抽屉，中间加25mm竖板）。

对于小户型的客厅，电视组合柜是非常实用的，这种类型的家具一般都是由大小不同的方格组成，上部比较适合摆放一些工艺品，柜体厚度至少要保持300mm；而下部摆放电视的柜体厚度则至少要保持500mm，同时，在设计电视柜时也要考虑组合柜整体的高度、横宽与墙壁的面宽是否协调。

电视机上面要做开门的，需要留出固定门板，避免开门被移门滑轨挡住；也要注意门扇，避免出现门打不开或不能全开的情形。

5.2.3.3 餐边柜

餐边柜设计

随着生活质量的提高，我们在餐具的选择上越来越精致，比如锅、碗、瓢、盆要买一整套的，酒杯一定要品类齐全的：高脚杯、鸡尾酒杯、白酒杯等。如图5-24所示，餐边柜需要收纳物品越来越多，品类也越来越复杂。

当我们对日常物品进行分类后，会发现一款合适的餐边柜不仅要具备强大的收纳功能，更要兼具展示效果。通常餐厅会存放备用碗具、杯子、酒类、开瓶器、果盘、装饰品、茶具、茶叶、果汁机、豆浆机、干货食品、礼品盒、香料等。

（1）餐边柜的类型

①矮柜式：矮柜式的设计高度适合放置在餐桌旁，柜面作为临时备餐区或美酒展示区，放上酒架，架上美酒，一个活脱脱的展示区就出来了，如图5-25所示。

图5-24 日常物品

图5-25 矮柜式餐边柜

酒柜设计

②矮柜与吊柜相结合：中间增加酒杯架，上层存放美酒，中间留给酒杯、面包机、咖啡机，下层存放餐具，合理归置各类物品，如图5-26所示。

③餐边酒柜："餐边酒柜"与"餐边柜"仅一字之差，但它兼具传统餐边柜与酒柜的功能，不仅能将酒杯、美酒进行更细化的分类，而且颜值更高。餐边酒柜虽然高颜值、收纳强，但是在装修时最终要以整体空间布局为准，选择适合自己的款式才是最重要的，如图5-27所示。

④酒架：大多数家庭会利用一面空墙设计一字型酒柜，增加十字酒格或菱形酒格，集藏酒、展示、收纳等功能于一体，凸显空间和谐之美。卡座设计+上层内嵌式餐边酒柜，酒类、茶罐、调味品轻松"上墙"，小小的转角空间变成聚餐圣地。如果把上层内嵌式餐边酒柜换成吊柜组合，储物柜也能轻松"凹造型"。如果卡座与吊柜组合，轻松打造出多人聚餐的区域，卡座的一面作为聚餐场所，另一面作为吧台使用，吊柜则能放置美酒。餐边酒柜延伸出的区域作为吧台，存放美酒，闲时把酒言欢或是月下独酌，品酒、喝茶、聊天，均不失为一个休闲小天地，如图5-28所示。将餐边酒柜置顶，最大限度利用墙面增加收纳空间，保证整个餐厅空间风格一致。

⑤餐桌酒柜一体：移动餐桌与餐边酒柜搭配，需要多人用餐时移出，不需要时靠边，节省空间。餐边酒柜具备酒架与酒格，不同尺寸的储物格满足不同物品的存放。酒柜做板式门的话，最好用铝框门，背板贴

图5-26　矮柜与吊柜相结合餐边柜

图5-27　餐边酒柜

图5-28　酒架的类型

银镜等，以增强设计感。

（2）餐边柜的功能分区

餐边柜一般分为展示区、常用区和不常用区，如图5-29所示。

（3）餐边柜的尺寸及设计要点

①餐边柜的尺寸要根据餐厅面积的大小来确定。餐厅的大小直接决定了餐边柜的样式和大小。如果餐桌边的位置宽大，可以设计一款餐边酒柜。

②在确定餐边柜尺寸时，切记柜深不能太大，要适合使用者使用，否则太占空间，并且不方便拿取，还显得拥挤。

③酒柜应该考虑到展示和美观，尽量多使用8mm的玻璃隔板，宽度也不要大于800mm。

常规酒柜深度为300～350mm，高度通常为2100～2400mm，另外，也可根据现场及客户需求制定，运用背板贴镜及使用玻璃层板来增加其通透感，同时建议留线并打灯来增加酒柜层次感。为方便摆放酒类及饰品，每格高度要大于320mm。

如果需要酒架的，可以用实木制作，禁止用三聚氰胺饰面板（MFC）做斜酒架格子，常见的酒格样式如图5-30所示。

图5-29 玄关柜的功能

菱形酒格

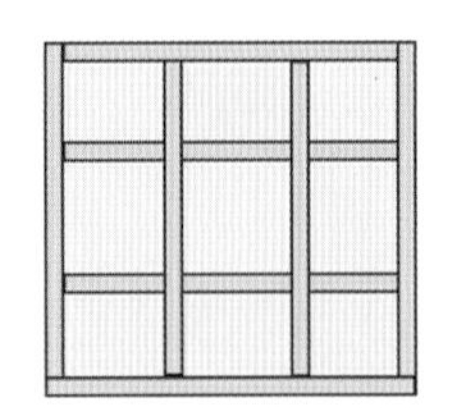

十字酒格

图5-30 酒架格子类型

5.3 客餐厅定制设计要点

在进行客餐厅定制设计时也会出现各种问题，针对这种情况我们总结了下面几个方面，具体包括客餐厅障碍物的避让、客餐厅电位设计等。

5.3.1 客餐厅障碍物的避让

在进行客餐厅定制设计时，结合现场状况，总会遇到障碍物，具体如何进行避让是设计的重点。

（1）电位的避让

①电源插座应安装在不少于两个对称墙面上，每个墙面两个电源插座之间水平距离为2.5～3.0m，距端墙的距离不宜超过0.6m。

②无特殊要求的普通电源插座距地面0.3m安装。

③在进行电视柜的设计时还要确认电位的位置是否合理，注意电视墙上电位的避让。若是座式电视，电位一般设在电视后方即可；若是挂式电视，则需要隐藏在电视柜后方，为了方便操作，通常需要在电视柜后方设置开放式空间。

④在进行沙发布置时，也要确定沙发的位置、大小是否遮挡电位，若有遮挡需要重新布局电位，一般设在沙发两侧或上方，注意避开沙发。

⑤在进行餐厅家具设计时，需要设置电位，可在餐桌下方设地插，也可在餐桌旁边墙面上设置，在进行餐边柜定制时注意避开或设开敞区。

（2）障碍物的避让

①梁柱的避让：若客餐厅有梁时，在设计吊柜时有三种处理方式：直接避开、做浅柜、做切角；若客餐厅有柱，需要直接避开或柜体做切角，具体参照衣柜障碍物的处理方式。

②踢脚板的避让：在设计柜体时遇到踢脚板，跟客户协调后可以直接拆除或在柜体下方现场切角。

5.3.2 客餐厅电位设计

凡是设有有线电视终端盒或电脑插座的房间，在有线电视终端盒或电脑插座旁至少应设置2个五孔组合电源插座，以满足电视机、音响功率放大器或电脑的需要，也可采用多功能组合式电源插座（面板上至少排有3～5个不同的两孔和三孔插座），电源插座距有线电视终端盒或电脑插座的水平距离不少于0.3m。

5.3.2.1 玄关电位设计

①进门处安装双控开关，高度和地面相距130cm，距离门边15cm，控制玄关和客厅照明灯，如图5-31所示。

②玄关柜侧面安装一个五孔插座，预留给烘鞋器等电器使用，高度和地面相距130cm，如图5-31所示。

5.3.2.2 客厅电位设计

客厅是人员集中的主要活动场所，家用电器较多，设计应根据建筑装修布置图布置插座，并应保证每个主要墙面都有电源插座。

如果墙面长度超过3.6m，应增加插座数量，墙面长度小于3m，电源插座可在墙面中间位置设置。有线电视终端盒和电脑插座旁设有电源插座，并设有空调器电源插座，起居室内应采用带开关的电源插座。客厅电视墙电位布置如图5-32所示。

（1）电视墙上的开关插座

①幕布插座：幕布旁的五孔插座。

②电视区域插座：电视区域五孔插座、音响插座、宽带接口等，一般安装在电视柜区域内部，高度与地面相距40cm，预留给电视以及周边的其他电器使用。

③风扇插座：方便放置净化器及风扇等小型电器。

④空调插座：带开关插座，空调属于大功率电器，需配备16A三孔插座，并且确定是悬挂式空调还是柜式空调。

（2）沙发墙上的开关插座

沙发墙上的开关插座如图5-33所示。

①双控开关：入户推荐安装双控灯光，方便控制玄关客厅灯光。

②手机充电：沙发两边设置双USB五孔插座，方便手机充电。

③空调插座：单开+16A三孔给空调使用，但要明确是挂式还是柜式。

④茶座煮水：双USB五孔插座，方便煮茶水。

5.3.2.3 餐厅电位设计

餐厅电位布置如图5-34所示，在进行餐厅家具定制设计时要注意以下几点：

①照明开关：餐厅安装双控开关，高度为距地面130cm。

②咖啡机插座：收纳台上方安装2个带开关的五孔插座，留给咖啡机、热水器等电器使用，高度为距台面20cm。

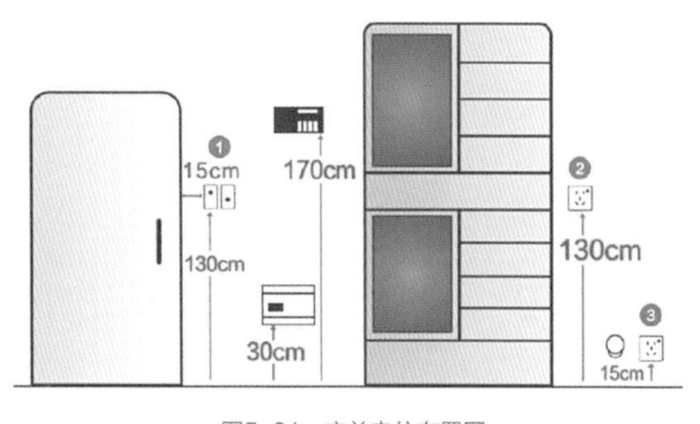

图5-31 玄关电位布置图

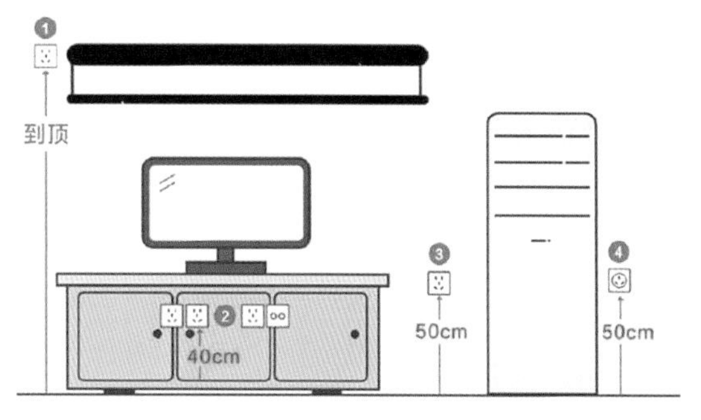

图5-32 客厅电视墙电位布置图

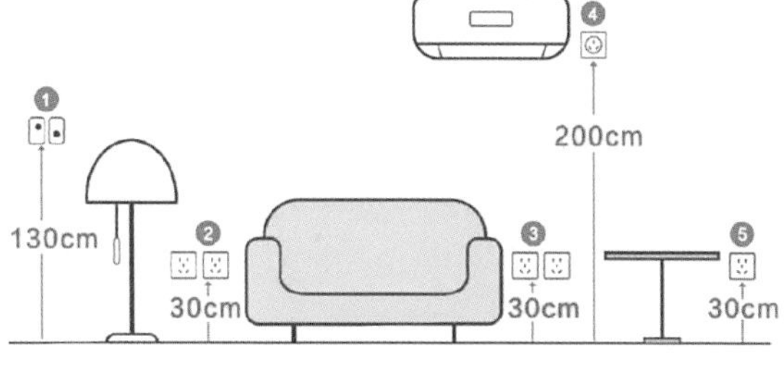

图5-33 客厅沙发墙面电位布置图

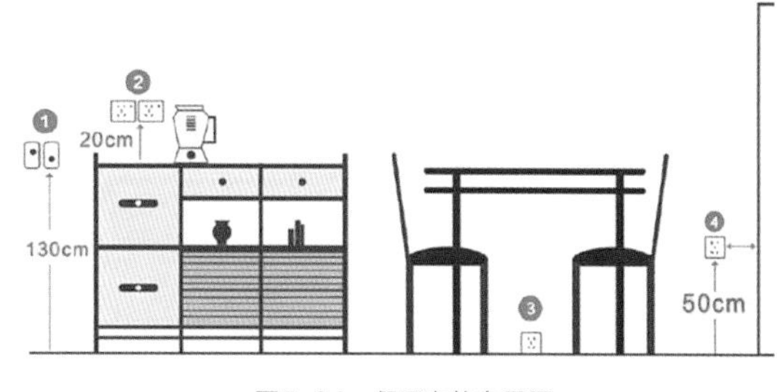

图5-34 餐厅电位布置图

③地插：餐桌下方也可安装一个地插，日常朋友闲聚，在家里吃个火锅也很方便。

④冰箱插座：冰箱配备五孔插座，高度为距地面50cm，插座位置位于冰箱的一侧。

“有创新才有进步，有创新才有发展”。客餐厅家具的定制设计包括平面布局设计、家具产品设计和整体方案设计。设计需要不断推陈出新，才能不断设计出令人满意的作品，才能推动设计之路不断向前发展。

思考与练习

1. 如何做好客餐厅的布局？从哪些方面考虑？
2. 常见的客厅家具有哪些？客厅家具选用依据是什么？
3. 客厅人员动线是如何规划设计的？
4. 电视柜的定制设计要考虑哪些因素？设计时是如何避让电位的？
5. 简述玄关柜、酒柜、餐边柜的设计要点及注意事项。
6. 客厅障碍物是如何避让的？
7. 客餐厅定制家具的创新设计具体包括哪些方面？

6 卧室定制家具设计

知识目标：了解卧室的类型和设计原则；掌握卧室的动线设计原则和方法；掌握卧室的布局设计；掌握不同类型衣柜的定制设计；掌握卧室空间障碍物避让的方法和技巧。

能力目标：能够根据客户需求、户型、风格的要求合理规划卧室空间布局；能够合理、巧妙避让卧室障碍物；能够科学合理地进行衣柜造型、功能、结构、尺寸设计。

思政目标：通过卧室定制家具设计的实操演练，培养学生真诚用心的服务意识，求真务实的工作态度，善于开拓的创新精神。

人的一生有1/3的时间是在睡眠中度过，卧室空间设计要保证良好的休息和睡眠，同时，也要体现主人生活品质和个性需求，所以设计一间舒适的卧室是至关重要的。随着人们生活水平的提高，卧室设计不仅要满足使用功能，更要满足人们的心理和生理的需要。因此，卧室定制家具设计以其量身定制的特征，应充分满足消费者的个性化需求，并能合理规划利用空间。

6.1 卧室设计基础知识

卧室需要私密、恬静、舒适、便利、健康、温馨，力求使居住者的身心愉悦。卧室的设计要根据卧室的类型、卧室设计原则、设计要素和人员动线进行功能分区。

6.1.1 卧室类型

根据居住的家庭成员不同，一般把卧室划分为主卧室、客卧室、儿童房和老人房几种类型。

卧室类型和特点

（1）主卧室

主卧室是供夫妻休息的空间。要求私密性、安宁感和心理安全感。在设计上，应营造出一种宁静安逸的氛围，并注重主人的个性与品位。在功能上，主卧室是具有睡眠、休闲、梳妆、更衣、储藏、盥洗等综合实用功能的活动空间，主卧室的睡眠区可分为共享型和独立型。

①共享型：睡眠区域是共享一个公共空间进行睡眠休息等活动，如图6-1所示卧室效果图。

②独立型：同一区域的两个独立空间来处理双方的睡眠和休息问题，尽量减少夫妻双方的相互干扰，如图6-2所示卧室效果图。

（2）客卧室

客卧室是提供客人居住的地方，一般要求简洁大方，具备常用的生活条件，如床、衣柜及书桌等。大

图6-1　卧室效果图（1）

图6-2　卧室效果图（2）

多体现布置的灵活多样性，适用于不同需求。

（3）儿童房

儿童房相对主卧室可称为次卧室，是儿女成长与发展的私密空间，在设计上充分照顾到儿女的年龄、性别与性格等特定的个性因素。儿童房主要分为5个时期。

①婴儿期卧室：多指从出生到周岁这一时期，往往考虑照顾方便，多是在主卧室设置育婴区。

②幼儿期卧室：指1～6岁的孩子，应保证安全和方便照顾，通常临近父母卧室，充分照顾到儿童年龄和体型特征。

③儿童期卧室：小学阶段7～12岁的孩子，睡眠区应逐渐赋予适度的成熟色彩，并逐渐完善以学习为目的的工作区域。

④青少年时期卧室：中学阶段12～18岁的孩子，必须兼顾学习和休闲双重功能。

⑤青年期卧室：指具备公民权利开始以后的时期，在布置原则上，青年期的卧室衣柜宜充分显示其学业或职业特点。

（4）老人房

老人房是供父母休息的地方，老人房的设计一般以实用、怀旧为主，最大限度满足老人的睡眠及储物需求。老年人的四大特点：

①好静：最基本的要求就是门窗、墙壁隔音效果好；居室朝向南最好，采光不必太多，环境要好。

②腿脚不便：选择家具应避免磕碰，尽量采用曲线设计。

③喜欢回忆过去：在色彩上应选择偏于古朴、平和、沉着的室内装饰色，可选用深棕色、驼色、棕黄色等色彩。

④视力不佳，起夜较勤：灯光设计要强弱适中，房间多设计双向开关，便于老人使用。

6.1.2　卧室的设计原则

卧室设计原则

卧室的设计一直是人们关注的重点之一，不仅与人们的睡眠质量息息相关，同时也是生活品质的完美体现，卧室的设计应符合私密性原则、方便性原则、简洁性原则、统一性原则和灯光照明合理性原则。

（1）私密性原则

有关私密性是卧室重要的属性，它不仅仅是供人休息的场所，还是夫妻交流的地方，是家中温馨与浪漫的空间。卧室要安静，隔音要好，可采用吸音性好的装饰材料；门上采用不透明的材料完全封闭。有的设计中为了采光好，把卧室的门安上透明玻璃或毛玻璃，这是极不可取的。

（2）方便性原则

在卧室里一般要放置大量的衣物和被褥，因此装修时一定要考虑储物空间，不仅要大而且要使用方便。床头两侧有床头柜，用来放置台灯、闹钟等随手可以拿到的东西。有的卧室功能较多，还应考虑到梳妆台与书桌的位置安排。

（3）简洁性原则

卧室的功能主要是睡眠休息，属私人空间，不向客人开放，所以卧室装修不必有过多的造型，通常也不需要吊顶，墙壁的处理越简洁越好，通常刷乳胶漆即可，床头上的墙壁可适当做点造型和点缀。卧室的壁饰不宜过多，还应与墙壁材料和家具搭配得当。卧室的风格与情调主要不是由墙、地、顶等硬装修来决定的，而是由窗帘、床罩、衣橱等软装饰决定的，它们面积很大，其图案、色彩往往决定了卧室的格调，成为卧室的主旋律。

（4）统一性原则

主卧的颜色由两个方面组成。墙面、地面、顶面都有自己的颜色，面积较大；窗帘配件、床罩等都有自己的颜色，面积也非常大。这两种颜色的搭配要协调一致，要确定一个占主导地位的色调，比如墙上漂亮颜色的壁纸，所以窗帘的颜色是优雅的，否则房间的颜色太浓，太拥挤；如果墙壁是白色的，窗帘和其他颜色可以很强。窗帘和床罩等织物、饰物的色彩和图案应当统一起来，这样才能避免房间的颜色、图案太复杂，给人凌乱的感觉。

（5）灯光照明合理性原则

主卧照明应该利用光线，可以使房间自然，并且可以使灯光柔和而轻盈。除了主光源之外，还应该设置灯或壁灯，用于晚上或睡前读书。另外，在角落设计几种不同颜色的灯具，调节房间的颜色，比如黄色的灯光会给主卧增添不少的浪漫气息。

6.1.3　卧室设计要素

卧室是家里主人的秘密基地、放松的“岛屿”，在设计的细节处理上要注重卧室的睡眠功能对色彩、灯光和饰品等视觉上的要求，以保证卧室的使用功能和主人的心理需要。

（1）卧室色彩设计

卧室色彩设计

卧室颜色搭配得当，能轻松提升舒适度，并间接提升主人的幸福指数。卧室空间环境布局中色彩是很重要的，色彩分为冷色和暖色，可以让人产生不同温度感觉。红、橙、赭、黄等色给人以热烈、兴奋之感，人们便把这一系列的色彩称为暖色。蓝、绿、青等色给人以寒冷、沉静之感，人们便把这一系列的色彩称为冷色。色彩的冷暖感觉又被称为色性。色彩的冷暖感觉是相对的，除红色与蓝色是色彩冷暖的两个极端外，其他许多色彩的冷暖感觉都是相对存在的。如紫色和绿色，紫色中的红紫色比较暖，而蓝紫色则较冷，绿色中的草绿色带有暖意，而翠绿色则偏冷。

如图6-3所示，通过对毛坯房统计和分析得出，墙面、地面、顶棚、窗帘、床罩等是构成卧室颜色的几大色块，因此，在设置卧室颜色时确定好主色调，并注意色彩的主次和层次以及色彩的变化和对比，才能营造统一和谐的卧室氛围。卧室的色彩应根据卧室的功能进行设计，一般来说应以静谧、舒适、温馨的情调为主，而且色彩不要太多，2～3种颜色就可以了。卧室常见的色彩有白色、紫色、粉色、米黄色、灰色、红色、蓝色、绿色等，如图6-4所示。

卧室色彩搭配要遵循以下原则：

①按卧室空间大小选择冷暖色：狭窄、低矮的房间应用冷色系，冷色系给人扩大空间的感觉，大空间的卧室可使用暖色系来显得紧凑。

②上浅下深：浅色感觉轻，深色感觉重，房间颜色应上浅下深，过渡渐变。将把屋顶和墙壁刷成白色、米黄色等浅色系，墙裙颜色加深一些，家具颜色更深一些，这样给人感觉十分稳定、和谐。

③注意阳光朝向：缺乏阳光的朝

图6-3　卧室毛坯房

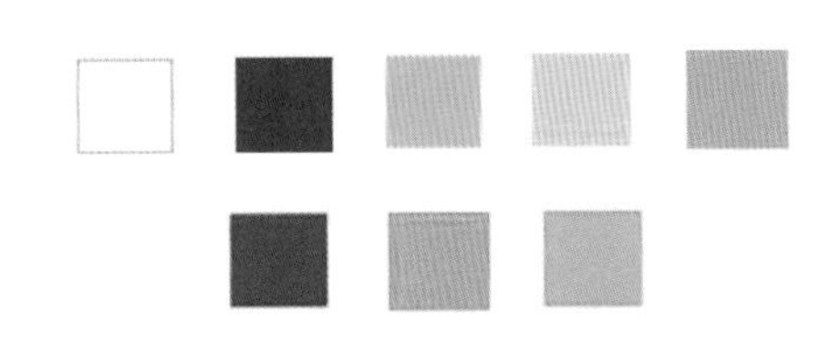

图6-4　色块图

东、朝北的房间应多用明亮的浅色；日照时间长的朝南、朝西的房间应用冷色。

④多用中性色：中性色是含大比例黑或白的色彩，如沙色、石色、浅黄色、灰色、棕色，这些色彩能给人宁静的感觉，因此常常被用作背景色。不过，又硬又冷的纯白色应尽量避免。如果对白色有偏好，应尽量选择含少量淡色的不标准的白色调。

（2）卧室灯光布置

光能给人们带来多彩的视觉享受。在现代室内空间中，各种光源贯穿其中，发挥着不同的作用，营造出不同的气氛与意境。

卧室光源

卧室光源分为可控光源和不可控光源。可控光源是卧室设计中的重点，现代人对居住空间的灯光设计尤为重视。灯光是营造家居气氛的魔术师，它不但使家居气氛格外温馨，还有增加空间层次、增强室内装饰艺术效果和增添生活情趣等功能。

可控光源分直接照明、半直接照明、间接照明、半间接照明和漫射照明五种照明方式。卧室是休息的地方，应采用漫射照明为主，有时为了增加卧室环境氛围，会采用半直接照明方式。

卧室灯光有基础照明、特殊照明、装饰照明和重点照明四种照明手段。卧室是休息的地方，不需要过多复杂的灯光效果，满足基础照明和装饰照明即可。如图6-5所示卧室效果图，卧室一般常用的基础照明设施有LED吸顶灯，是吸附或嵌入屋顶天花板上的灯饰，它和吊灯一样，也是室内的主体基础照明设备；如图6-6所示卧室效果图，装饰照明一般用台灯和灯带，台灯主要放在床头柜上，便于阅读、学习、工作，灯带一般用于顶棚吊顶里，可增加卧室顶棚的视觉效果。

（3）卧室饰品搭配

各类饰物使家有了灵性，要营造家居氛围，饰品绝对是不可少的，特别是居家装饰。许多人认为必须打造一个富有“表情”的家，不但用以彰显气度，还要赋予“家”以独特的生命力。

卧室空间装饰

卧室饰品有地毯、墙布或墙纸、窗帘、床上用品、靠垫或抱枕、挂饰、工艺品和装饰品等。

①地毯：地毯是一种厚重、柔软的地面装饰物，由于地毯功能甚多，在现代居家中已大量使用。地毯有展示空间、保暖防潮、吸音隔声和舒适美观等特点。

②墙布、墙纸：墙布、墙纸的选择除了考虑各自的功能，着重在色彩、图案挑选，比如卧室可以选择柔和的色彩和令人喜悦的图案，这样就使室内空间显得更温馨、温暖。墙布、墙纸具有耐污性和阻燃性等特点。

③窗帘：窗帘是一种帷幔类的织物装饰，由于它在室内占有较大面积，往往是人们视觉感受最突出的地方，故有人称它为“居室的眼睛”。窗帘具有遮阳、避光、隔音、观赏和美化等功能。

④床上用品：床上用品的色彩、图案、材质、肌理不但直接影响人们的生活质量，对卧室环境风格和情调的形成、面貌的改观都起关键性的作用。床上用品的主要特点是保暖、舒适、卫生、美观、配套、易洗、快干、免烫等，要符合现代人在生理、心理方面的消费要求。

⑤布艺：布艺主要用于床上、椅

图6-5　卧室效果图（1）

图6-6　卧室效果图（2）

子、沙发，在头部或腰部的衬垫，它是室内设计中活跃的因素之一，往往起到画龙点睛的作用。抱枕大小随意，造型各异，色彩丰富，更有制作和搬动的随意性和灵活性；此外，可在靠垫上制作所需要的图形或以加深环境主题。

⑥挂饰：挂饰内容十分丰富，既有平面的，如挂毯、卷轴等壁毯，也有立体的，视空间特质所需而选用。挂饰分为吊毯、悬绸、垂帘、字画等，这些多以抽象题材或变形纹样图案装饰，并集围透、疏密、曲直、精细、厚薄、深浅、刚柔、凹凸等对比于一体，丰富多彩，千姿百态，充分启迪人们的想象力。

⑦工艺品和装饰品：小型的工艺品、装饰品，一般我们也称为小饰物，其中有玻璃饰品、陶瓷制品、金属制品、精美玩具、小动物、植物标本等。这些家居中的饰品就像散落在角落的精灵，以其独特的魅力点亮了居室生活，它们在一定意义上调节了居室的单调枯燥。它们或小巧别致，或玲珑剔透，其间的韵味给人们的生活增添了无限情趣。

6.1.4 卧室人员动线

动线是指人在室内移动的轨迹。卧室人员动线是卧室设计中重要的环节，卧室动线设计是否合理直接影响生活舒适性和便捷性。因此，在人员动线设计时，要考虑卧室空间大小、家庭成员的生活习惯、生活需求等相关要素。

流动曲线

6.1.4.1 动线分类与设计原则

人员动线会影响人们的生活方式，合理的人员动线符合日常的生活习惯。在家庭生活中，所有的人员动线都是有规律的，如果能弄清楚步骤将其分类，再结合动线设计原则合理安排好每个房间的功能分区，就可避免费时低效的活动。

（1）动线分类

人员动线分为居住动线、家务动线、访客动线，如图6-7所示。

居住动线是主要存在于卧室、卫生间、书房等强调个人的空间。这种流线设计要充分尊重主人的生活格调，满足主人的生活习惯。目前流行的在卧室里面设计一个独立的浴室和卫生间，就是明确家人流线要求私密的性质，为人们夜间起居提供便利。而床、梳妆台、衣柜的摆放要适当，不要形成空间死角，让人感觉无所适从。

家务动线是指入户门到厨房的活动路线。为了方便业主买菜后可直接进入厨房，一般都将厨房设在靠入户大门处，因此家务流线是三条流线中最短的。同时，在厨房内部，储藏柜、冰箱、水槽、炉具的顺序安排，决定了下厨流线。由储存、清洗、料理这三道程序进行规划，就不会有多绕圈子浪费时间或是在忙乱中打翻碗碟的现象。除考虑业主下厨的习惯外，还应充分考虑流线形状。比如以L型流线安排设计厨房用品的摆设，会是女主人最轻松的下厨流线。一般人家中的厨房可能较狭窄，流线通常排成一条直线，即使如此，顺序不当还是会引起使用上的不便。

访客动线指入户门进入客厅区域的行动路线。访客流线不应与家务流线和私密流线交叉，以免在客人拜访的时候影响家人休息或工作。客厅周边的门是保证流线合理的关键，客厅里的门不应超过三

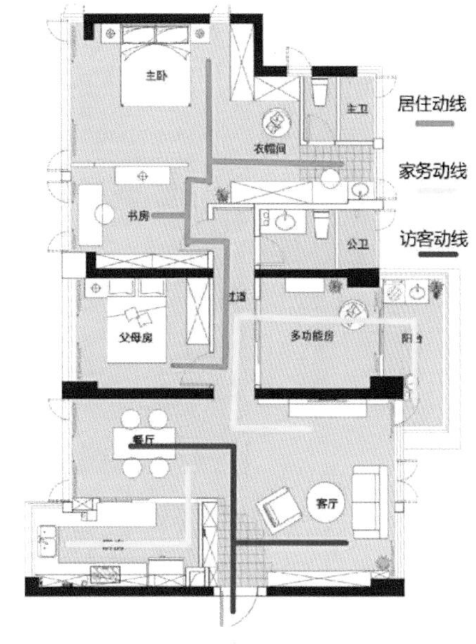

图6-7 室内平面布置图

扇，再以动线作为功能分区的分隔线划分出主人的接待区和休息区。

（2）动线设计原则

卧室中人员生活起居习惯顺序为起床→卫生间洗漱→护肤、化妆→衣柜衣物选取→选饰品→照全身镜→玄关挑鞋子，根据习惯特点，卧室的动线设计要遵循四大原则。

①动线最短：节省时间，减少疲劳。

②动静分区：便于休息与保护私密空间。

③避免重复：避免过多体力消耗。

④满足人活动需求：符合人体工程学，保证生活舒适性。

6.1.4.2 动态尺寸的设定

如图6-8所示，卧室空间设计离不开人体工程学，家具的尺寸设计要结合人体的静态尺寸，家具的摆放和人员动线的设计需要结合人体的动态尺寸，因此，在设计时要注意以下几点：

①入门处两侧家具或家具与墙之间距离应大于600mm，如果衣柜下面设计活动的功能件如抽屉，尺寸应大于1000mm。

②如图6-9所示，床侧面与墙之间的活动距离为940～990mm，家具与家具之间距离应大于600mm。

③如图6-10所示，衣柜与床位之间的距离应大于600mm，如果衣柜或床下面设计抽屉，尺寸应大于1000mm。

④房门开启方向与家具在同一侧墙时，门与家具之间距离应大于1000mm。

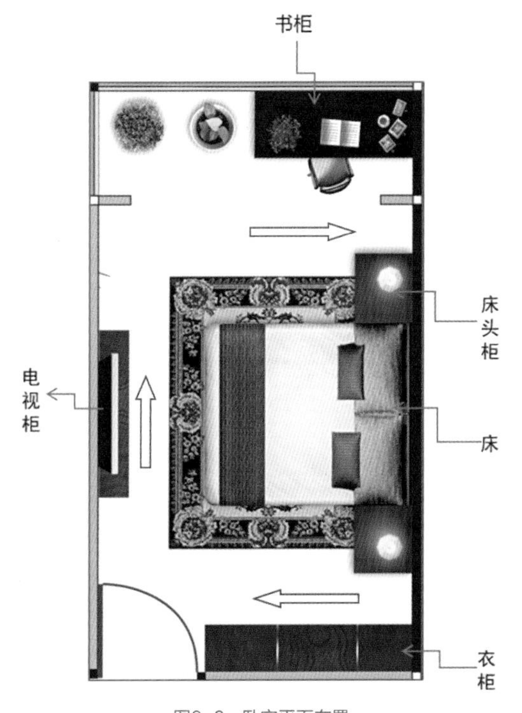

图6-8 卧室平面布置

6.1.5 卧室功能分区与平面布局

卧室根据面积大小分为紧凑型、适

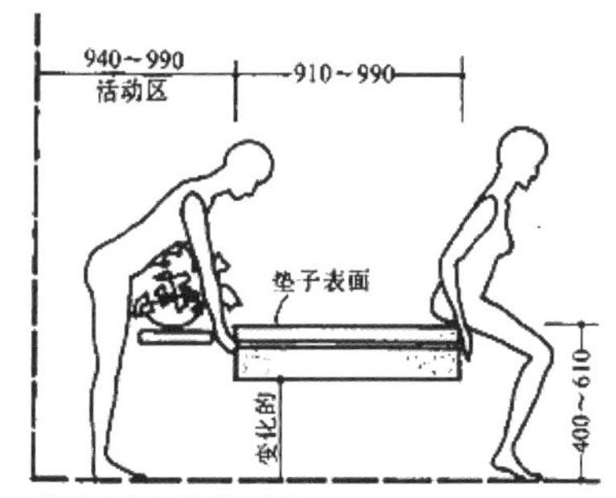

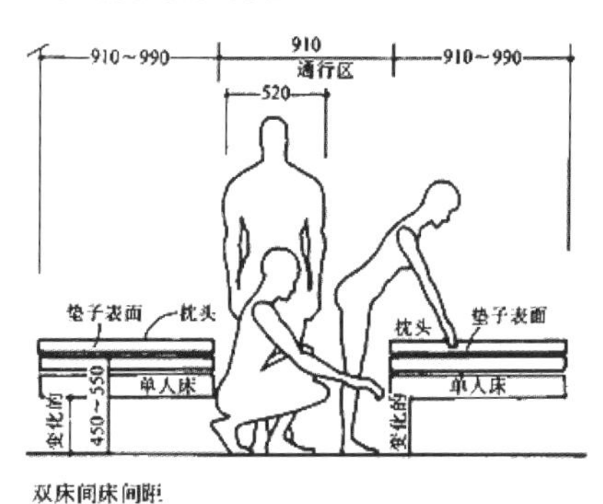

图6-9 人体动态尺寸示意图（1）

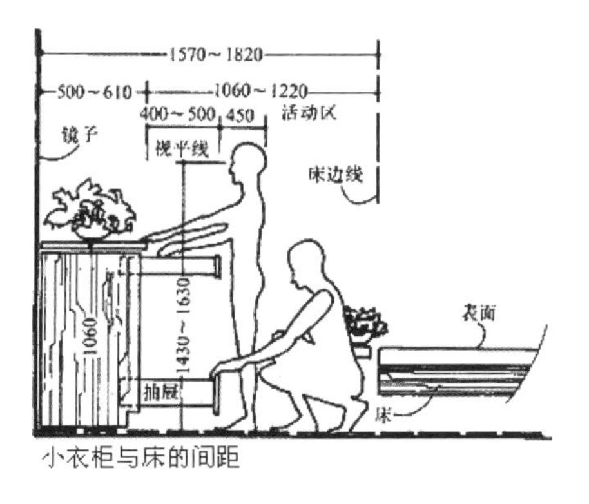

图6-10 人体动态尺寸示意图（2）

用型、舒适型三个类别。根据不同类别卧室具有各自的功能要求，进行卧室定制家具的设计。根据卧室结构的大小，选择合理的布置形式，每套房间的结构基本已经决定了它的布置形式。房间的空间如果是窄长型的，一般都是做“一”字型的衣柜，稍大的可以做“L”型，比较大的可做“U”型，但是无论做哪种布置形式，都要满足人在空间活动的舒适性和便捷性。

卧室衣柜的整体布局与分类

6.1.5.1 卧室功能分区

如图6-11所示，根据卧室中的不同使用功能的需求，将卧室分成睡眠区、梳妆区、更衣区、储藏区、盥洗区和学习休闲区六大功能区。

睡眠区是卧室的中心区，应该处于空间相对稳定的一侧，以减少视觉、交通对它的干扰。这一区域主要由床和床头柜组成。

梳妆区因不同的卧室而有一定差异。如果主卧室兼有专用卫生间，则这一区域可纳入卫生间的盥洗区中。没有专用卫生间的卧室，则可以考虑规划出一个梳妆区，主要由梳妆台、梳妆椅、梳妆镜组成。

更衣是卧室活动的主要组成部分，空间允许的情况下可设置独立的更衣区，空间受限的情况下，没有必要单设更衣区。

储藏区是卧室中不可缺少的组成部分，一般以储存家具（即衣柜、衣帽间）为代表，在一些面积较大、较宽裕的卧室中，可考虑设置容量与功能较为完善的储存室或衣帽间。卧室储藏物多以衣物、被褥为主，房间面积受限的情况下，嵌入式的壁柜系统较为理想。

盥洗区主要指浴室，最理想的情况是主卧设有专用的浴室及盥洗设施。

学习休闲区是有些卧室兼有阅读、书写或观看电视等要求。所以，配以书写桌、小书柜、座椅或休闲双人沙发以及电视柜等。

这些功能区应该既有分隔又相互联系，以形成既互不干扰又和谐、完整的休息睡眠空间。

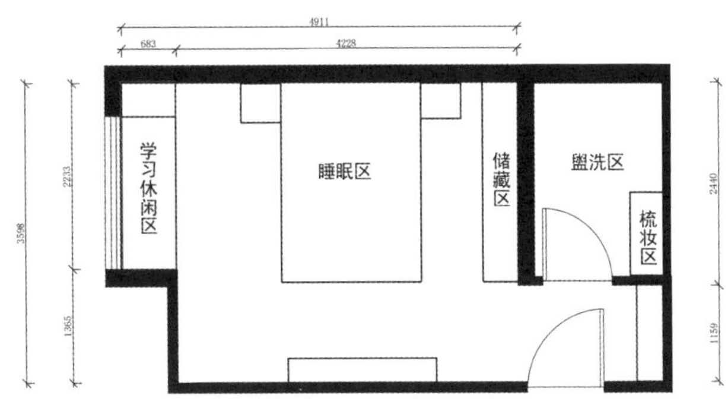

图6-11 卧室功能分区示意图

6.1.5.2 卧室平面布局

卧室是家庭居住的重要组成部分，即使小户型也要有睡卧的空间。科学、合理的卧室平面布局，可以从以下三个方面来设计。

（1）卧室黄金三角关系

在一个基本的卧室空间当中，床作为整个卧室空间最主要的部分，床头柜作为床的延伸和补充，衣柜作为存放衣物和储藏的空间，构成了整个卧房必不可少的黄金关系，如图6-12所示。

（2）卧室空间布局方式

卧室在总体空间平面布局上要平淡无奇，稳中求胜。床是卧室的主角，床的位置很大程度上决定了空间的设计，视房间大小可有两种布局方式。

①均衡式：在房间较小的情况下，可两面靠墙，余下空间设置衣柜，与床头相对的墙面前方如果空间允许，可再设低柜及梳妆台等。

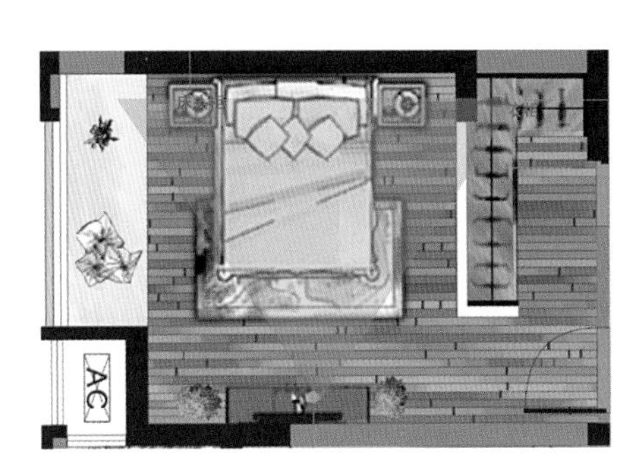

图6-12 卧室平面布置图

②对称式：在房间较大的情况下可采用此方式。先找准房间的中轴线，沿线靠墙设置床及床头柜，床一侧摆放梳妆台或写字台，另一侧摆放圈椅或小型沙发等。与床对应放置组合低柜，中间放电视，以此强化对称的特点。

（3）布局顺序

卧室的布局顺序为床→衣柜→梳妆台→床头柜→电视柜→其他。

如图6-13所示，首先确定睡眠区，即床的位置，通常情况床不宜正对门、浴厕、镜子，床头不能靠窗、不在梁下，故其床头位置只能设置在北侧墙面。

其次，确定储存区的位置，也就是衣柜的位置，衣柜属于大型柜体，应紧靠墙体设置或直接做到墙面上，这就需要一个墙面做支撑，结合户型整体格局，衣柜背板适合靠在西侧墙面上。

最后，确定休闲区的位置，卧室电视最佳观看位置是床的对面，因此在平面图的南侧墙面上。

6.2 衣柜的设计

衣柜是卧室空间必不可少的家具，衣柜设计是定制家具设计中主要设计产品之一。衣柜设计要满足储物数量多、存放形式合理、储物空间利用率高、存取方便等特点，衣柜内部空间设计要符合人体工程学设计原则，外部造型要遵循艺术美法则，结构设计要符合生产工艺要求。

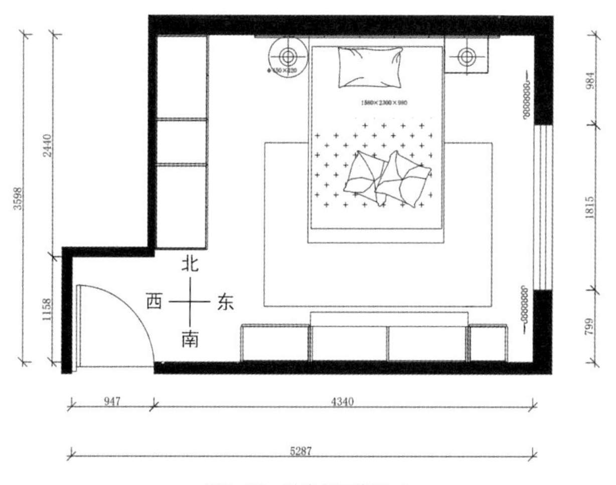

图6-13 卧室平面布置图

6.2.1 衣柜的类型与构成

定制衣柜可以根据客户不同的要求，量身定造，合理利用收纳空间，灵活组合，功能齐全。根据室内不同的装修效果而配不同组合款式的柜子和颜色。打造一个惬意的空间，一个温馨的家。衣柜不仅要选择合适的类型，而且结构设计合理。

衣柜和梳妆台设计

（1）衣柜的类型

衣柜用于摆放衣服、饰品，是储存床上用品和生活用品的多功能柜。按外观组合形式不同，衣柜可分为一字型、L型衣帽间和U型衣柜，如图6-14所示衣柜效果图，按柜体的结构可分为板式衣柜和框架式衣柜两种，板式衣柜按门板的构造不同又分为趟门衣柜、掩门衣柜和开放式衣柜，如图6-15所示。

（2）衣柜的构成

如图6-16所示，板式衣柜柜体结构及单元部件有旁板、顶板、底板、层板、转角立撑、脚线、背板、格子架、裤架、独立抽屉柜、穿衣镜和挂衣杆。

如图6-17所示，框架衣柜柜体结构及单元部件有立柱、立柱底座、立柱转角连接件、立柱固墙连接件、立柱固定片、立柱挂片（子母件）、木层板、玻璃层板、木层板托和玻璃层板夹。

6.2.2 衣柜的功能划分

卧室要有足够的储藏空间，所以卧室衣柜的内部布局与整体设计是很重要的。对于居室生活中的年轻夫妇来说，他们的衣

衣柜尺度设计

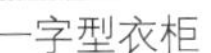

一字型衣柜　　L 型衣柜　　U 型衣柜

图6-14　衣柜效果图

趟门衣柜　　掩门衣柜　　开放式衣柜

图6-15　衣柜效果图

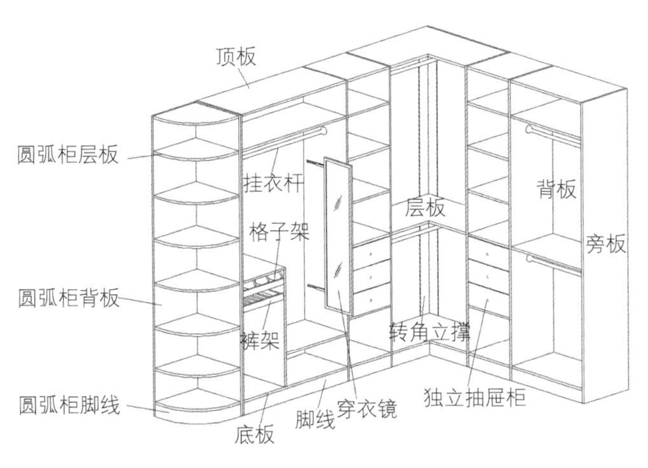

图6-16　板式衣柜结构图

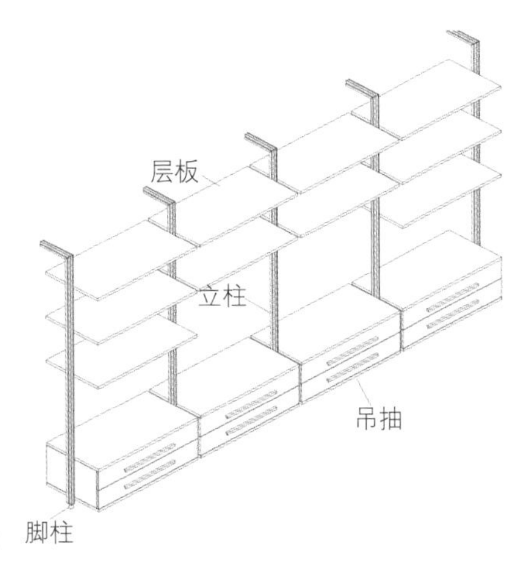

图6-17　框架衣柜结构图

物则是多样化。进行衣柜的设计时一般将左右两边分开设计，男女各自拥有一个空间。衣柜内部挂衣空间分为长短两个区域，分别储存大衣和上装，衬衫也可以放置于独立的小抽屉内或搁板上，不会因过多衣物挤压在一起而皱折难看。内衣、领带和袜子可用专用的小格子，既有利于衣物保养，取物也更直观方便。

为了提高衣柜空间的利用率，满足使用需求，将衣柜分为悬挂区、叠放区、杂物区和被褥区等专用储藏空间，如图6-18所示。

（1）悬挂区

悬挂区是指挂衣空间，根据衣服的类别又分短衣空间、中长衣空间、长衣空间和挂裤子空间。

（2）叠放区

叠放区一般用于放置裁剪特殊的衣服，或者一些容易因为垂挂而变形的针织毛衣、内衣等的区域，一般以抽屉、格抽、衬板、拉篮的形式存在。

（3）杂物区

杂物区是指存放用储物篮或收纳盒归置起来的杂物的区域，一般位于衣柜的底部，便于取放。

（4）被褥区

被褥区是指叠放被褥、毯子、窗帘、软席等大件区，按照日常使用频率来分配，它一般位于衣柜的顶部，并采用分格设计区分开来。

6.2.3 衣柜的内部布局设计

衣柜是储物类家具，用于存放日常生活用品。衣柜的内部布局合理可以提高使用者存取衣物的效率和舒适感，实现较高的空间利用率，因此衣柜的内部布局设计非常重要。衣柜的内部布局设计要遵循衣物分类放置原则、衣柜尺寸规范原则、功能件设计合理性原则和更换频度分区原则。

衣柜内部空间划分

图6-18 衣柜效果图

（1）衣物分类放置原则

现代家庭中，常常会有老年父母、年轻夫妇、小孩三类人居住，不同人在使用衣柜时要求都不尽相同，这一点是很多家庭在设计衣柜时极少考虑到的。

年轻人的衣物具有多样性。柜体内的挂衣架通常分为长短两层，分别储存大衣和上装，衬衫也可以放置于独立的小抽屉或搁板，不会因过多衣物挤压在一起而皱折难看。内衣、领带和袜子可用专用的小格子，既有利于衣物保养，取物也更直观方便；毛衣可放在较深的抽屉里；裤子更有专用的挂架存放。此外，许多年轻人都喜欢在卧室的衣柜中间留出电视机的位置，方便观看，因此可以以电视机的位置为中心，将左右两边分别设置成男女方各自的储衣空间。

老年人的衣物，通常挂件较少，叠放衣物较多，因此设计时可以考虑多做些层板和抽屉；而老年人因身体状况，不宜上爬或下蹲，衣柜里的抽屉就不宜放置在最底层，应该在离地面700~1000mm高左右，衣柜上层装有升降衣架。

儿童的衣物，通常也是挂件较少，叠放较多，且考虑到儿童玩具的摆放问题，最好能在衣柜设计时就考虑一个大的通体柜，只有上层的挂件，下层空置，可方便儿童随时打开柜门取放玩具，满足儿童好玩的心态。

（2）遵循衣柜尺寸规范原则

安装挂衣杆一定要以衣柜内部深度为标准取中间点，且距离上面的板件必须要有40~60mm的距离，否则距离太短放衣架子会比较费劲，距离太长又浪费空间（满足挂衣架能自如取放）。

掩门柜门宽度400~550mm为佳，趟门柜门宽度600~800mm为佳；合页的承压能力不如轨道，所以对于掩门柜门门板不宜太宽太重；挂衣杆的安装高度应是女主人的身高加200mm为最佳；悬挂上衣的高度在850~950mm；衣柜的深度一般为550~600mm，掩门衣柜深度一般为550mm（不含门），趟门衣柜深度一般为600mm（含移门）；悬挂大衣的高度1500mm足够用；最长的睡袍悬挂高度不到1400mm，长羽绒服1300mm，西服收纳装袋后也就1200mm长；存鞋盒子的高度可以参照两个鞋盒子的高度设计，控制在250~300mm为佳；衣柜的最上端主要存放换季的被子和衣物，这个空间比较灵活，高度一般大于350mm；挂裤子的高度在800~900mm，裤子对折挂放高度在550~650mm。

（3）功能件设计合理性原则

衣柜很多设有多功能柜如抽屉、裤架和拉板等。如果设计不合理，忽视细节，导致柜体内的有些部位无法正常使用。例如：趟门衣柜在设计时为了保持柜门的美观，将趟门做成等分的三扇或四扇，然而在实际使用过程中，因为趟门的轨道问题，在打开一扇门时，必然会有另外两扇并在一起，因此，当柜体内不等分时，可能某个空间被遮挡，如果正好是抽屉的位置，则会无法打开，柜体内出现设计死角的尴尬局面，因此要合理规划衣柜内部格局及活动配件设计。转角衣柜不设计抽屉，如果设计会影响柜子转角的使用。双门衣柜，抽屉不能设计在中间，以防止抽屉拉不出。

趟门衣柜柜门的滑道可落垫板上，也可以落在脚线盒上。针对滑道这两种安装位置，做了具体的案例分析。

如图6-19所示（板材厚度18mm）趟门落垫板衣柜，带壁柜门的组合衣柜设计时，要避开壁柜门盲区在1号柜位置，并应考虑盲区是否会影响在柜内放取物品，更不得在盲区内设计有抽屉、格子架、裤架、推拉镜等活动配置件。

如图6-20所示（板材厚度18mm）趟门落脚线盒衣柜，若抽屉设计在衣柜的最下部，在趟门装在脚线盒上时，应考虑在下固层上面设计一块垫板，以防抽屉拉出时碰到下导轨。

（4）按更换频度分区原则

每个家庭的衣物很多，如果空间规划和使用不合理很容易出现为了找衣服翻遍衣柜，或者某件自己喜爱的衣服躺在某个角落长期闲置的情况。实际上，每个人当季要更换的衣服并不多，可以将衣柜按衣物更换频度划分为三个区域：过季、当季、常换。在衣柜的顶部安排三层隔板，用于叠放除当季以外三个季节的衣

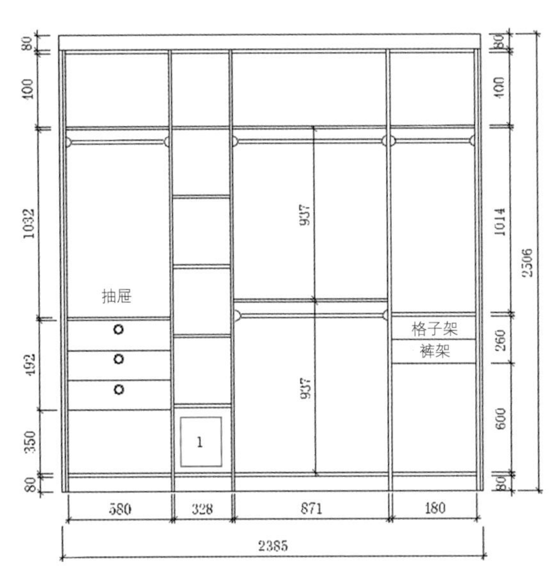

图6-19 趟门落垫板衣柜立面图

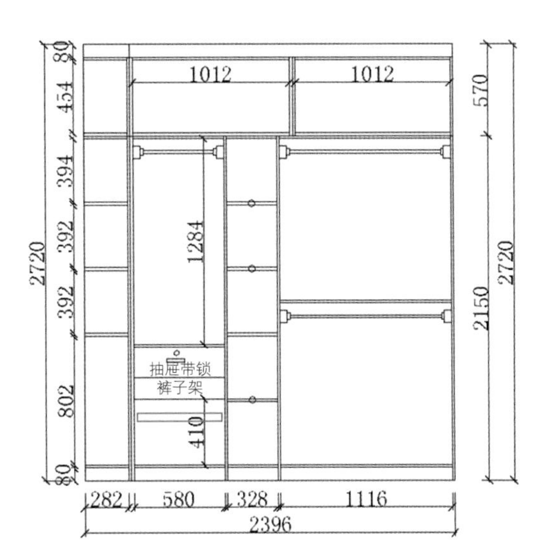

图6-20 趟门落脚线盒衣柜立面图

物，而下部靠中间部分因为在移门内侧，存放当季衣物，也可以叠放，但比顶部容易取用。在衣柜中部的两侧靠近移门口顺手部位安排几个抽屉和挂衣区，用于存放最近常更换的衣物，这样每次换季的时候将过季衣物从中部叠放区移到顶部过季区，将当季衣物从顶部更换到当季区。

6.2.4 单元柜设计

如图6-21所示，板式衣柜一般由顶柜、单元柜、圆弧柜和柜门组成，其中柜门分为趟门和掩门两种形式。衣柜的尺度设计主要从单元柜、转角柜、圆弧柜和柜门的尺度设计入手。

（1）单元柜的类型

单元柜结构示意图如图6-22所示，单元柜由顶板、层板、左旁板、右旁板、底板和望板构成。如图6-23所示，单元柜的单体款式分一字柜、左切角柜、右切角柜和转角柜四种。

（2）一字柜设计

一字柜是衣柜设计中最常见的单元柜，一字柜的结构如下：

①板式衣柜的组合是旁板夹顶（底）板，旁板与顶（底）板的连接是用三合一连接件和木梢连接的。衣柜前后都有望板，高度为80～100mm。

②衣柜做趟门，如果没有顶柜，需在顶板上面加一块18mm厚、180mm宽的上垫板，用来安装趟门的上导轨，另外，在底板上要加一块18mm厚、110mm宽的下垫板，用来安装趟门的下导轨。一字柜的结构如图6-24所示。

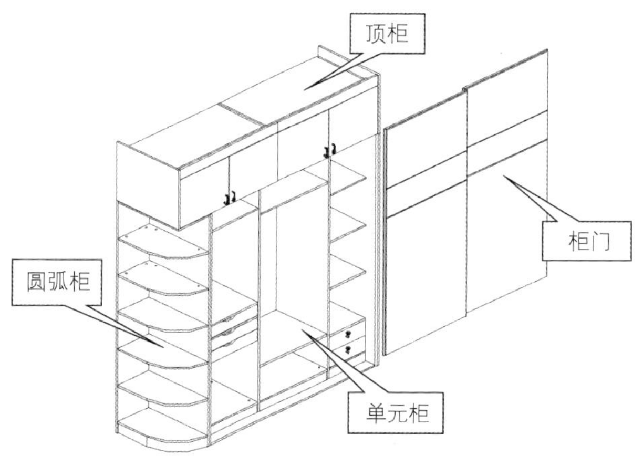

图6-21 衣柜立体图

一字柜柜体设计尺寸建议参考值为：

①柜体单元柜设计宽度（W）：400，600，800，900mm，此外，801～1200mm为可变柜体。

②柜体设计深度（D）：趟门衣柜为

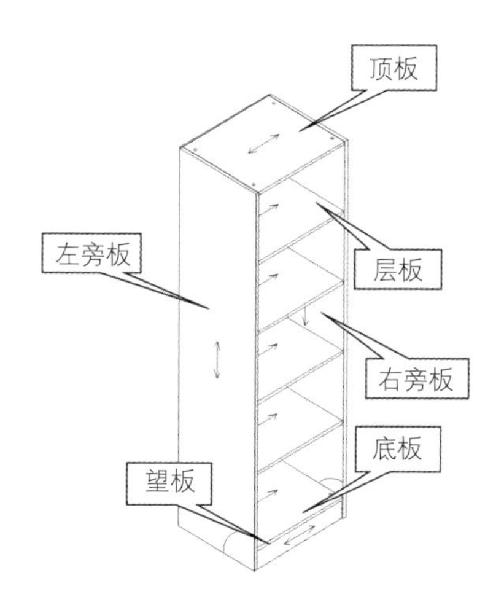

图6-22 单元柜结构示意图

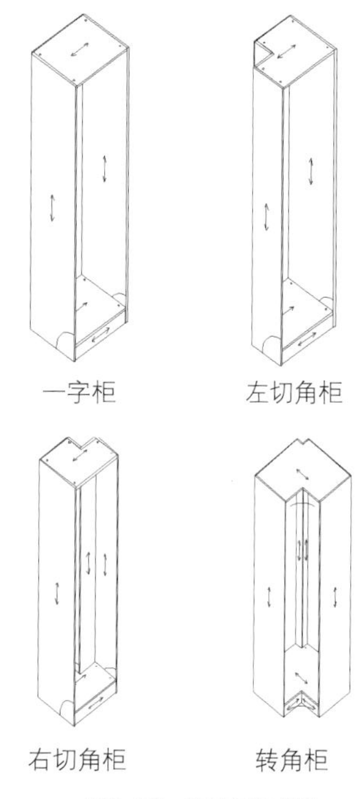

图6-23 单元柜款式图

600mm和650mm，掩门衣柜为550mm和600mm。

③柜体设计高度（H）：$1800 \leq H \leq 2400$mm，2400mm以上高度需要加顶柜。

（3）切角柜设计

转角柜与切角柜设计

在衣柜的定制设计中，也会遇到有立柱的情况，对于墙角有立柱的衣柜设计需要结合立柱的厚度和宽度灵活处理。当立柱靠墙后部侧边，并且尺寸小于100mm×100mm，一般使用收口板的方法。当立柱在墙体中间时，则需要考虑切角柜的设计，结构如图6-25所示。

（4）转角柜设计

转角柜由于结构比较特殊，需要单独设计成一个独立的柜子，不能与其他柜体共用旁板，在背后转角处需要加120mm宽的立板，用于加固和安装背板。转角柜的顶板是切成L型的一整块板，转角柜的结构如图6-26所示。

建议转角柜设计尺寸参考值为：

①转角柜设计宽度（W）：标准尺寸为900mm×900mm（配490mm深柜体），标准尺寸为900mm×1050mm（配550mm深柜体）。

②转角柜设计深度（D）：490mm和550mm。

③转角柜设计高度（H）：$1800 \leq H \leq 2400$mm。

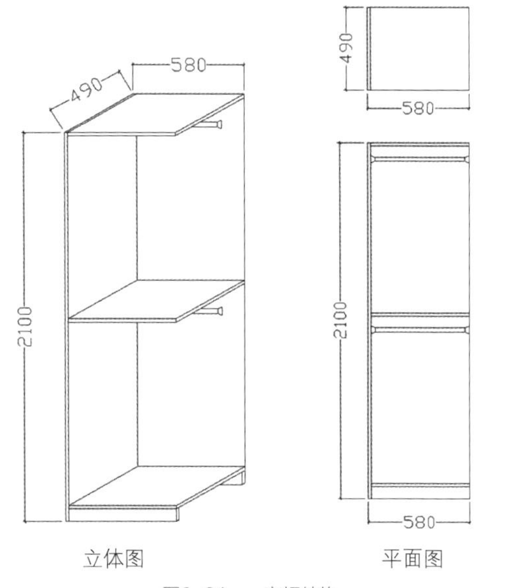

立体图　　平面图

图6-24　一字柜结构

（5）圆弧柜设计

圆弧柜设计

圆弧柜一般设计在入门处，既起到装饰作用，又方便通行。圆弧柜需要设计成独立的柜体，圆弧柜设计要求举例如下：

圆弧柜宽度和深度尺寸为490mm×490mm，板厚是18mm的板材，需要设计成一个旁板是490mm，另一个旁板就为472mm，结构如图6-27

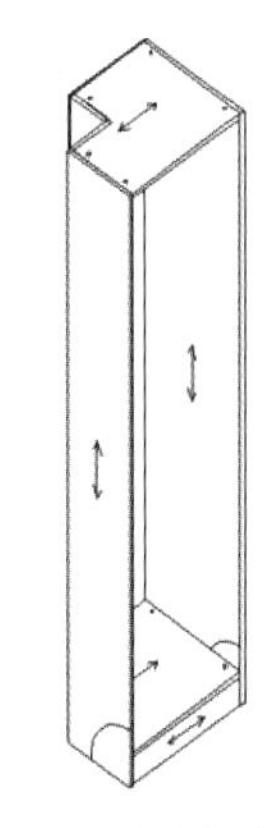
图6-25　切角柜结构图

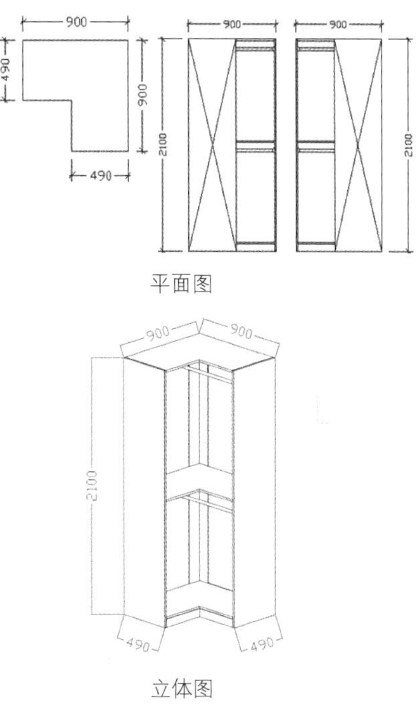

平面图

立体图

图6-26　转角柜结构图

所示。

圆弧柜的深度取决于衣柜的深度，衣柜的深度取决于柜门的样式，趟门衣柜柜深为600mm和650mm，掩门衣柜柜深为550mm和600mm，故建议圆弧柜设计尺寸参考值为：

①圆弧柜设计宽度（W）为：200≤W≤600mm。

②圆弧柜设计深度（D）：550mm、600mm和650mm。

③圆弧柜设计高度（H）：1800≤H≤2400mm，高度2400mm以上可加顶柜。

（6）顶柜设计

顶柜设计

顶柜由顶板、底板和左右旁板构成，其工艺结构为旁板夹顶板、底板，门板为全盖门，盖住顶板、底板和左右旁板，如图6-28所示。考虑顶柜周围是否有障碍物（梁），顶柜设计一般采用三种方式：无切角顶柜、假切角顶柜和全切角顶柜，切角尺寸要预留20mm余量。顶柜款式如图6-29所示。

顶柜多采用掩门，也可以趟门直接到顶。顶柜设计时要考虑便于安装，单个柜体宽度建议不超过1200mm，门板采用等分设计，顶柜宽度不能大于高度，一般宽度不大于550mm，其结构如图6-30所示。

顶柜设计尺寸建议参考值为：

①顶柜设计宽度（W）：700mm≤W≤1200mm。

②顶柜设计深度（D）：300mm≤D≤650mm。

③顶柜设计高度（H）：350mm≤H≤600mm。

6.2.5 衣柜功能件的设计

衣柜形式与功能件

衣柜功能件包括挂衣杆、叠放层板、抽屉、拉板、格子架、裤架、挂衣通、层板抽、推拉镜、拉篮、鞋架、拉伸式衣架等。

在设计衣柜功能件时，如果衣柜柜体空间足够大，应该尽可能多地选择不同功能件。如果衣柜柜体空间相对小，只能选择部分功能件时，首先考虑挂衣服的功能，然后依次考虑叠

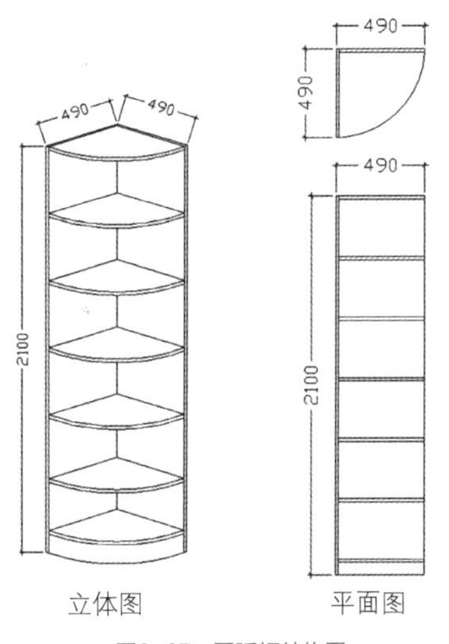

图6-27　圆弧柜结构图

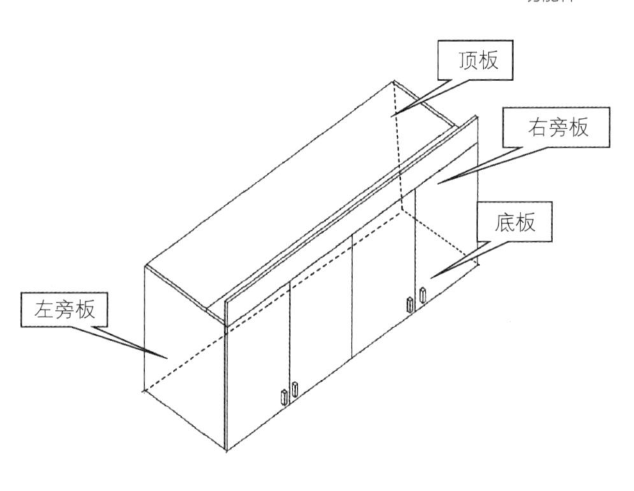

图6-28　顶柜结构示意图

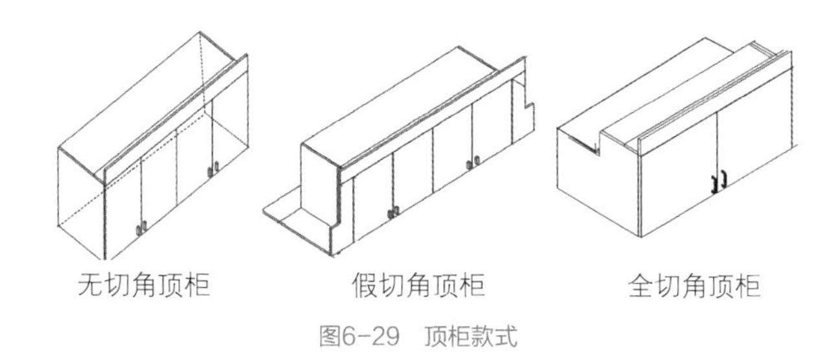

图6-29 顶柜款式

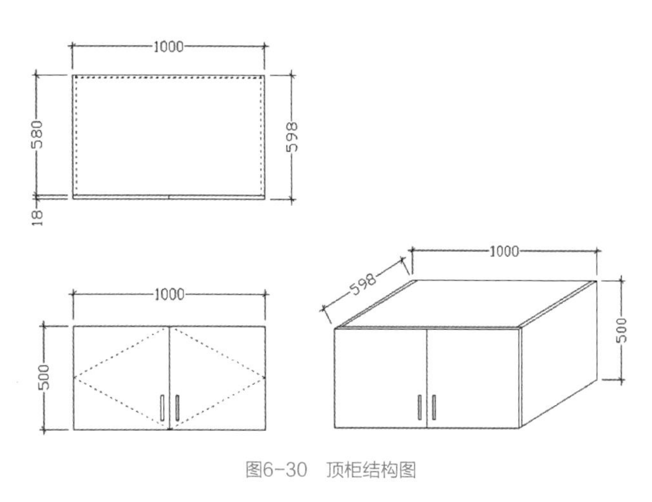

图6-30 顶柜结构图

放、储藏功能。

（1）抽屉

抽屉是由面板、左右旁板、背板和底板构成的，其配件由隐藏式半拉路轨和拉手组成，如图6-31所示。抽屉面板板件规格为18mm，侧、尾板板件规格为12mm，底板板件规格为5mm，整体外形规格尺寸设计根据标准柜体确定。

（2）拉板

拉板由面板、底板和拉手构成，如图6-32所示。拉板面板板件规格为18mm，拉板板件规格也为18mm，外形规格尺寸设计根据标准柜体确定。

（3）裤架

裤架由面板、左右旁板、背板、五金件和拉手构成，如图6-33所示。裤架面板、侧板、尾板板件规格为18mm，外形规格尺寸设计根据标准柜体确定。

（4）格子架

格子架由面板、左右旁板、背板和隔板构成，如图6-34所示。格子架的面板板件规格为18mm，侧板、尾板板件规格为12mm，隔板板件规格为9mm，底板板件规格为9mm，常采用隐藏式全拉路轨配件，外形规格尺寸设计根据标准柜体确定。

（5）挂衣通

挂衣通通常分为吊式挂衣通和挂式挂衣通。

①吊式挂衣通：吊式挂衣通是吊式衣通座直接吊在层板底下的，柜体内部宽度在600mm以内可选用吊式衣通，如图6-35所示。

②挂式挂衣通：挂式挂衣通是挂式

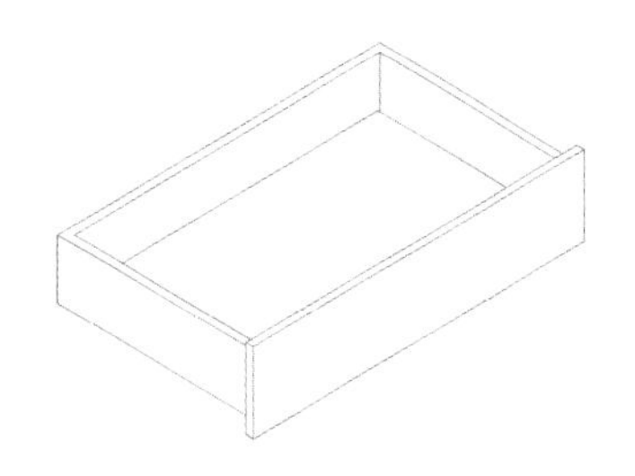

图6-31 抽屉

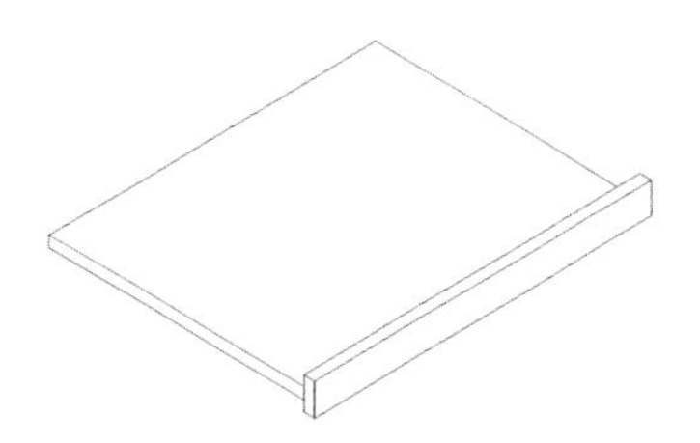

图6-32 拉板

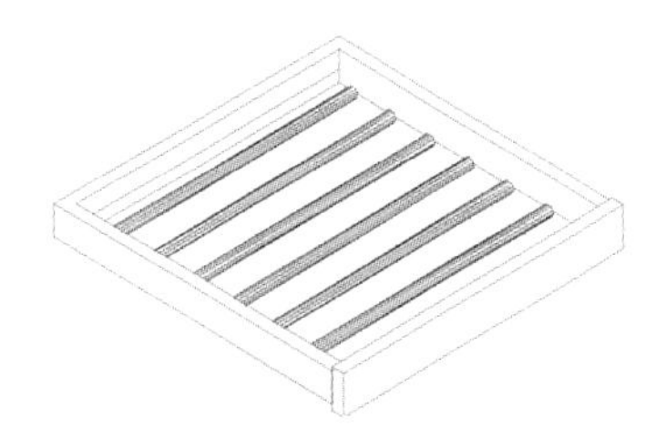

图6-33 裤架

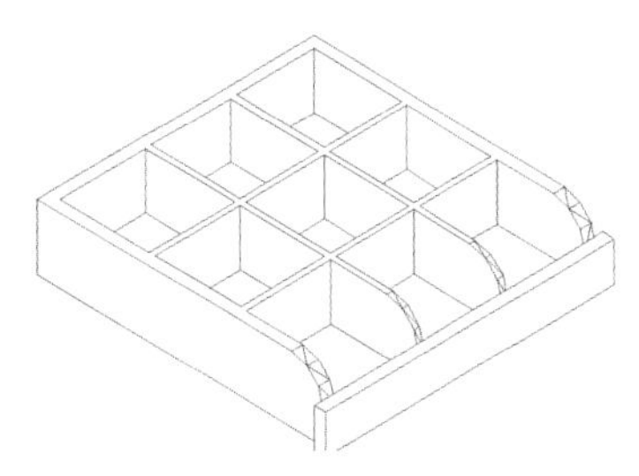

图6-34 格子架

衣通座直接固定在左右旁板上的，大于600mm时建议采用挂式挂衣通，如图6-36所示。

（6）更衣镜

更衣镜由镜子和金属架组成，整体衣柜设计的更衣镜隐藏在衣柜内，推拉衣镜滑道安装在衣柜旁板内侧或立隔板上。设计时要考虑衣柜拉出后有足够的旋转空间。试衣镜外形尺寸W350mm×H1000mm，如图6-37所示。

（7）伸缩挂衣架

伸缩挂衣架是可伸缩的，结构如图6-38所示，安装净深度360mm以上。

（8）BL架

BL架分左右，层板内空宽564mm，结构如图6-39所示。

6.2.6 衣柜门的设计

衣柜门根据开启方式不同可分为趟门和掩门两种，在定制家具设计中，结合卧室空间尺寸及客户喜好选择不同的门的类型。

6.2.6.1 衣柜趟门设计

趟门平行于衣柜正面安装，开启方式分为推拉式和折叠式，一般应用推拉式的比较普遍，其优点是开合方便，可以节省门的外部空间，缺点是衣柜内部空间被轨道占用，通常轨道占的宽度为90mm。推拉式主要有上下轨道、上下滑轮、金属边框和面材。

（1）趟门衣柜门的高度尺寸计算

①趟门无垫板时：趟门高度=门洞高度-40mm（上下导轨高度）。

②趟门有垫板时：趟门高度=门洞高度-40mm（上下导轨高度）-18mm（垫板厚度），趟门高度一般小于2400mm，过高考虑楼梯楼道能否通过，否则需要在现场拼装完成。

说明：趟门垫板是安装在地面或者地板之上用于安装滑道的长条板件，一般用18mm厚的板件加工而成。洞口尺寸是指安装门的空间尺寸。

（2）趟门衣柜门宽度尺寸计算

①两扇移门单扇宽度L=（洞口宽度W+竖框宽度A）/2

②三扇移门单扇宽度L=（洞口宽度W+2×竖框宽度A）/3

③四扇移门单扇宽度L=（洞口宽度W+2×竖框宽度A）/4

趟门宽度一般为700~900mm，过宽会产生变形，如图6-40所示。

（3）趟门衣柜单扇门净空宽度尺寸计算

计算单扇净空宽尺寸，用于设计趟门衣柜内部活动部件尺寸，否则门会挡住功能件的拉出使用。

①两扇门净空宽度=门洞宽度-单扇门宽度-12mm

②三扇门净空宽度=门洞宽度-2×单扇门宽度-30mm

③四扇门净空宽度=门洞宽度-2×单扇门宽度-30mm

（4）趟门衣柜轨道长度计算

依据趟门的轨道不同形式计算导轨的长度：

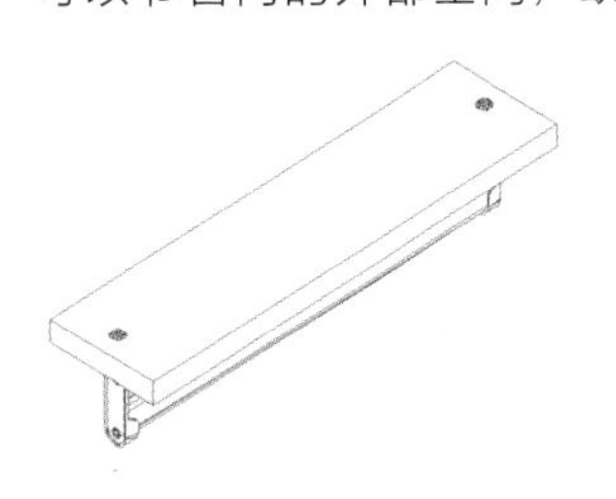
图6-35 吊式挂衣通

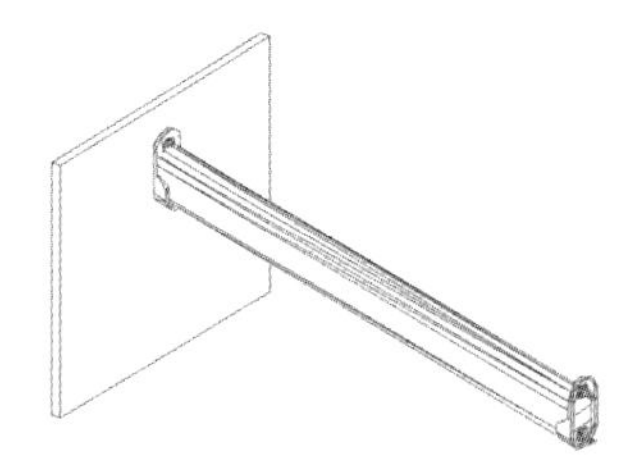
图6-36 挂式挂衣通

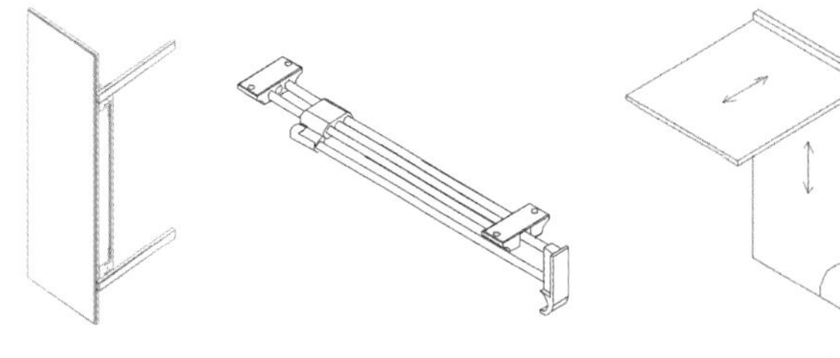
图6-37 更衣镜　图6-38 伸缩挂衣架　图6-39 BL架

①内置趟门轨道长度=门洞宽度-旁板厚度

②外置趟门轨道长度=门洞宽度

6.2.6.2 衣柜掩门设计

掩门是指门固定在衣柜旁板的边缘，门开启时向柜体外侧旋转。掩门缺点是需要占据柜体外的空间，优点是掩门衣柜没有轨道占用空间，衣柜内部储物空间得到充分利用。

（1）掩门的类型

根据门和旁板的位置关系不同分为全盖门、半盖门和嵌门，使用的暗铰链分为直臂、小曲臂和大曲臂，如图6-41所示。

（2）掩门的设计要求

掩门宽度不大于500mm，高度不大于2400mm，掩门衣柜深度550~600mm。掩门设计时要考虑上下柜外观整体性，设计尽量优先保证上下门缝全部对齐，并保证门板宽度尺寸尽量相同；顶柜门板尺寸以下柜为基准来设计，特殊情况下可以使用单门顶柜来调整，结构如图6-42所示。

一般情况下，装暗铰链的门在开启过程中会向前移位，开成90°时，门的内侧面将超出旁板的内侧面，并且铰链安装在旁边内侧也会妨碍功能件的使用，所以在设计柜内的抽屉或放置活动功能件时，要预留充分的空间，一

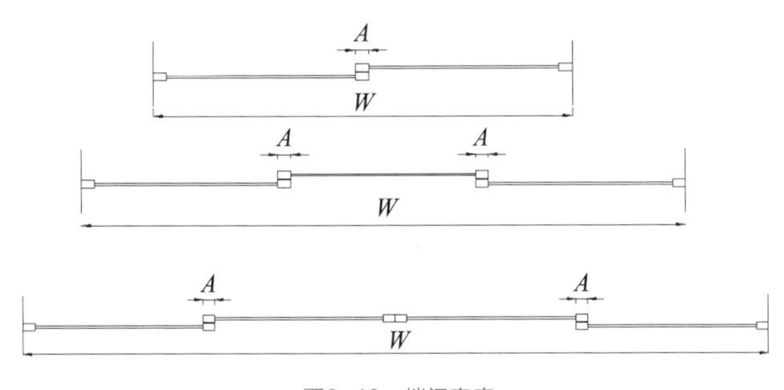

图6-40 趟门宽度

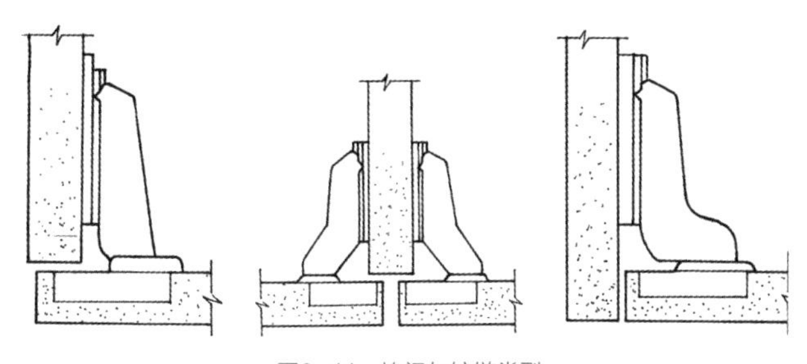

图6-41 掩门与铰链类型

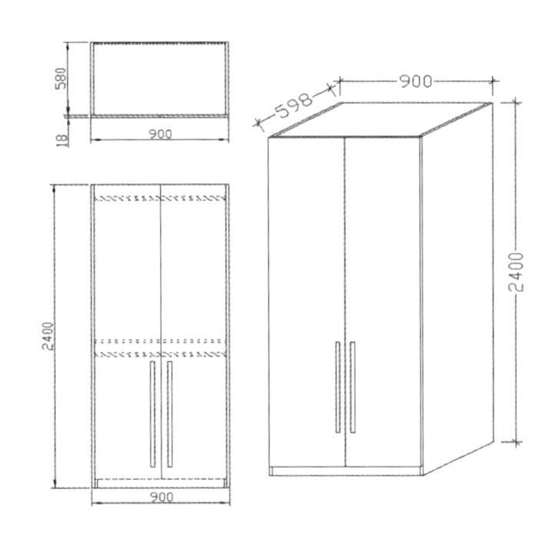

图6-42 掩门衣柜

般抽屉或功能件左右内缩50mm，前侧后缩70mm。当然，也有专门用于带抽屉柜的暗铰链。

（3）掩门铰链数量

铰链的数量要根据门的高度确定，见表6-1。

表 6-1 铰链数量

门高/mm	铰链数量/个	承重/kg
500以上	2	4~5
500~1000	2	4~5
1000~1500	3	6~9
1500~2000	4	13~15
2000~2400	5	18~25

6.2.7 衣柜下单图的绘制

图纸是设计师与客户沟通的媒介，是工厂生产的规范性技术文件。图纸绘制要遵循尺寸齐全、清晰明了、术语标准统一、备注说明翔实等原则，避免与客户产生异议及产品出现问题。

6.2.7.1 尺寸标注规范

尺寸标注规范、齐全。尺寸标注包括

尺寸线、尺寸界线、尺寸数据、起止符号四个要素，缺一不可。尺寸以毫米为单位，图纸上不必标出“毫米”或“mm”名称。尺寸数字一般写在尺寸线上中部上方，也可将尺寸线断开，中间写尺寸数字，尺寸线上的起止符号通常采用箭头表示，也可采用与尺寸界线顺时针方向旋转45° 左右的短线表示。

6.2.7.2 衣柜下单图纸技术要求

衣柜下单图纸包括平面图（即俯视图）、立面图（即主视图）和侧视图三大部分，主立面图纸需要表示出柜体内部功能件具体尺寸，如抽屉、格子架等配件，如图6-43所示。如果是趟门衣柜需要标注趟门的下单尺寸及相应参数。

衣柜设计下单图纸尺寸标注如下：

（1）宽度尺寸标注

标注柜体总宽度（上柜、下柜）、单元柜外部宽度和内部净空宽、侧封板宽及旁板和立隔板板件厚度尺寸。

（2）高度尺寸

柜体总高度、下柜高度、顶柜高度、顶柜封板高度、横搁板间净空高及搁板厚度。

（3）深度尺寸标注

①下柜深度尺寸标注：单元柜外旁板总深度、衣柜内部深度、滑道宽度。

②顶柜尺寸深度标注：顶柜总深度、顶柜L型上封板的宽度和厚度、背板厚度。

（4）趟门下单尺寸参数标注

趟门下单尺寸参数如图6-44所示。

①趟门轨道长度：如果是内置趟门轨道长度为洞口宽度尺寸减去旁板的厚度，外置趟门轨道长度即为洞口宽度尺寸。

②趟门尺寸标注：竖框高度、洞口宽度、单扇门宽度、门框内部板件宽度。

③趟门门框及门中部嵌板材质、规格、代号等参数及编号标注。

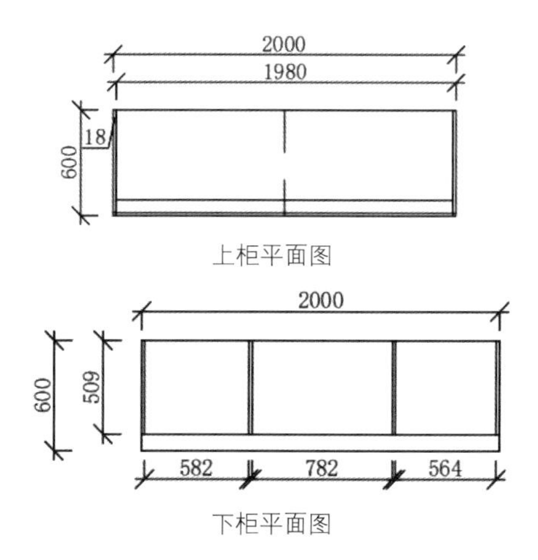

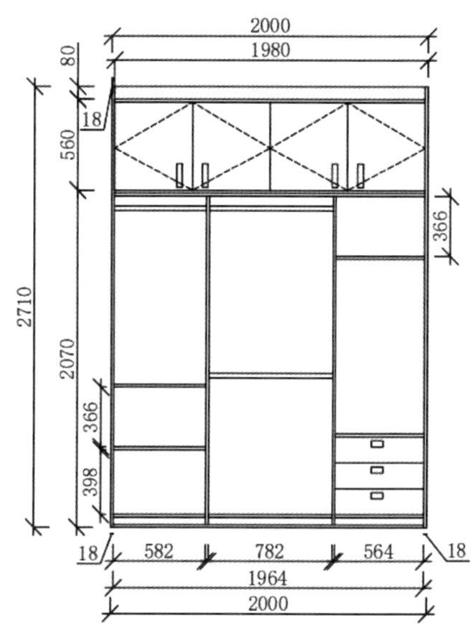

图6-43 立面图

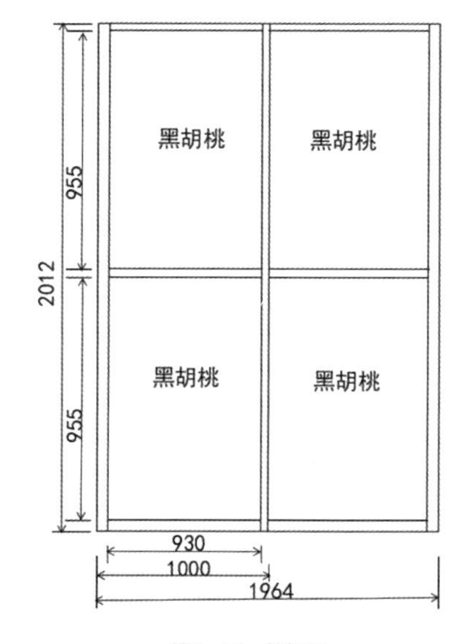

图6-44 趟门图

6.3 衣柜障碍物的避让

卧室定制衣柜设计中，常会遇到梁和柱体。梁、柱尺寸和在空间的位置各不相同，通常会影响整体室内布局及家具的摆放，因此，在衣柜定制设计中要合理处理梁和柱体的避让。

6.3.1 后梁的避让

后梁是指梁在顶棚和衣柜后面墙面交接位置。在进行避梁处理时，根据梁的尺寸不同，柜体的处理方式各不相同，通常避让的方式是做浅柜、矮柜、切角柜，还可进行封板和见光板处理，具体要求如下（梁的宽度用W表示，厚度用T表示）。

（1）浅柜处理

如果后梁的宽度$W \geqslant 300$mm，梁的厚度$T \leqslant 300$mm，上柜做成浅柜，如图6-45所示。

（2）矮柜处理

如果后梁的宽度120mm$\leqslant W \leqslant$200mm，梁的厚度$T \geqslant 300$mm，上柜做成矮柜，顶柜上方用封板处理，如图6-46所示。

（3）切角柜处理

如果梁的宽度120mm$\leqslant W \leqslant$250mm，厚度均为120mm$\leqslant T \leqslant$250mm，上柜采用切角柜处理方法，充分利用储物空间，如图6-47所示。

衣柜上柜在梁和柱子的避让时，要预留设计余量，柜体与梁之间需要留出20mm的缝隙，以免影响柜体的安装。

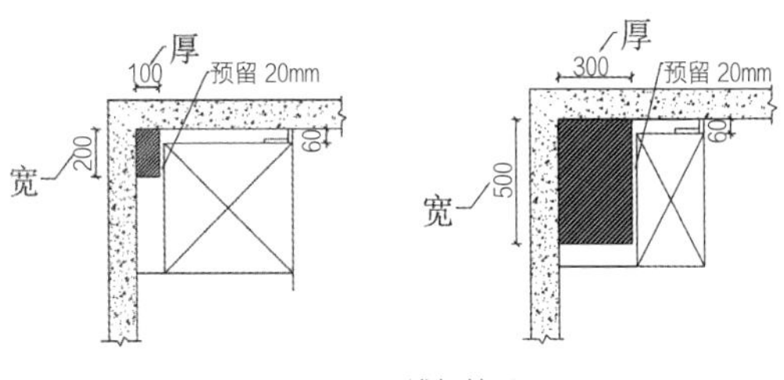

图6-45 浅柜处理

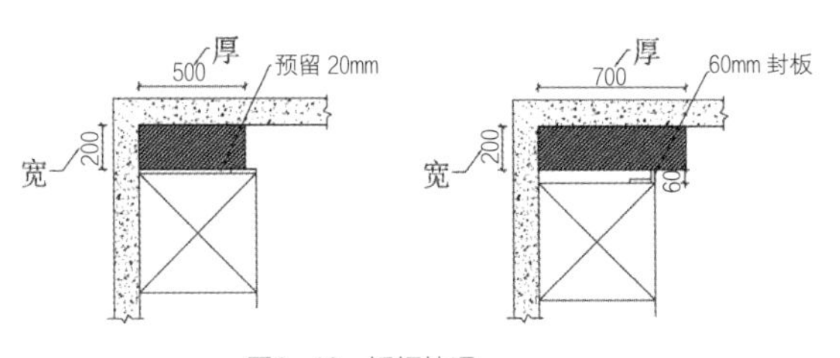

图6-46 矮柜处理

（4）封板处理

如果梁的宽度≤120mm，厚度小于柜体深度，上柜在进行梁的避让时直接用封板处理，如图6-48所示；如果梁的宽度和厚度均大于400mm，不考虑做上柜，直接做衣柜到梁下方，如图6-49所示。无论采用矮柜、浅柜、切角柜中哪种处理方式，都需要预留顶柜与顶棚的安装余量，上柜安装之后用封板封闭上柜和顶棚空间，封板高度一般为60～80mm，可以根据现场情况进行裁切。

（5）见光板处理

柜体在处理梁和柱子及天棚脚线避让后，柜体外侧与障碍物之间会有缝隙暴露在外面，如果不处理会影响柜体外部美观，需要利用板件对上柜缝隙进行遮挡，俗称见光板，见光板的处理方法如图6-50所示，后面6.4内容详细介绍。

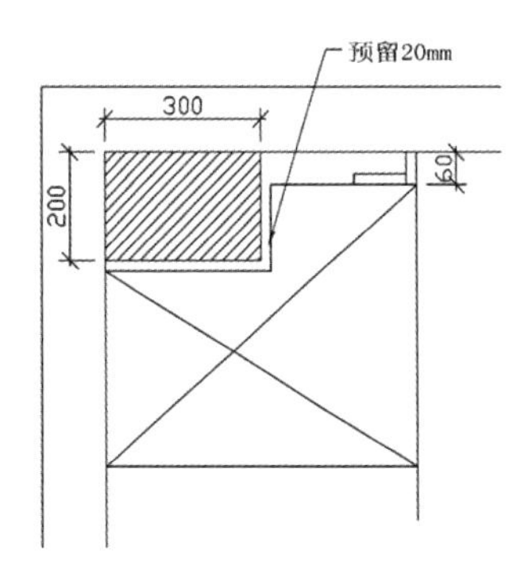

图6-47 切角柜处理

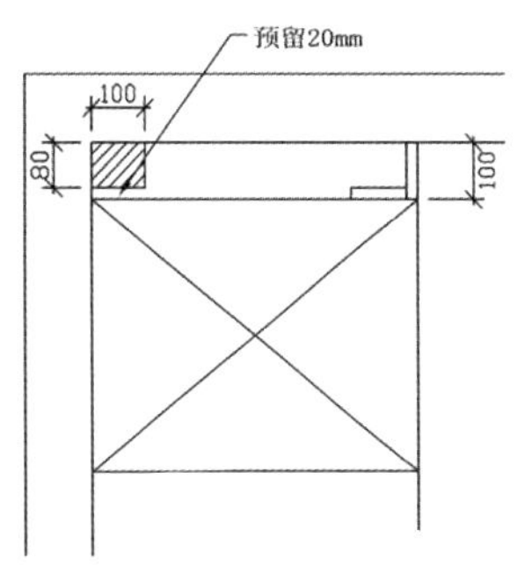

图6-48 封板处理

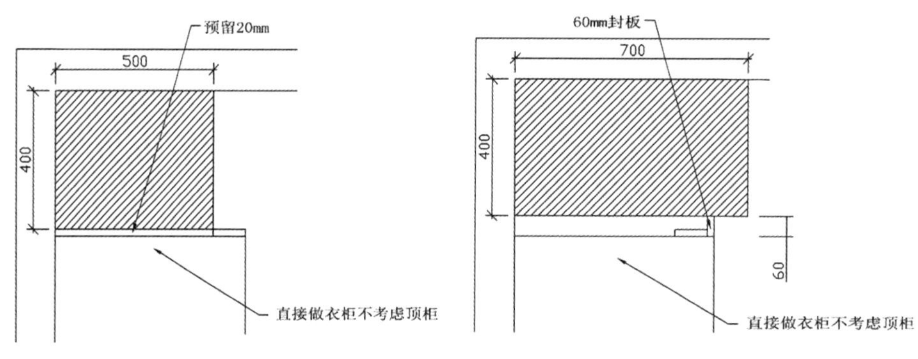

图6-49　直接做衣柜

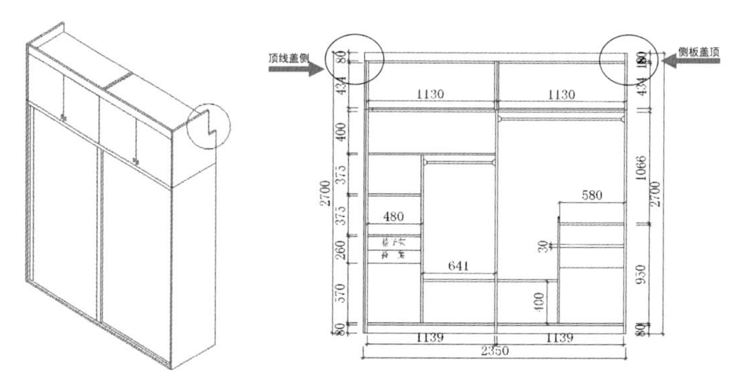

图6-50　见光板处理

6.3.2　侧梁的避让

根据卧室不同户型，整体衣柜在设计中会遇到衣柜侧面墙体有梁的情况，在衣柜定制设计时要结合户型和现场具体情况，结合侧梁的厚度（T）和宽（W）不同尺寸进行衣柜顶柜的设计。

①当梁厚度（T）≤50mm时，衣柜的顶柜和下柜与墙体空隙用封板遮盖，如图6-51所示。

②当梁厚度50mm≤T≤100mm时，大衣柜的顶柜与墙体用封板，下柜看情况设定（确保上下柜门缝对齐），如图6-52所示。

③当梁厚度100mm≤T≤200mm时，衣柜的顶柜与墙体用固定门板做封板，下柜看情况设定（确保上下柜门缝对齐），如图6-53所示。

④当梁厚度200mm≤T≤400mm时，当梁宽（W）≤200mm时，可做单体小柜，增加收纳空间。当梁宽200mm≤W≤300mm时，顶柜与墙体用固定门板做封板，当梁宽300mm≤W≤400mm，顶柜边部直接用封板，如图6-54所示。

⑤当梁厚度400mm≤T≤600时，当梁宽（W）≤200mm时，可做单体柜，增加收纳空间，顶柜上方由封板封顶；当梁宽200mm≤W≤300mm时，可做单体矮柜，顶柜上方由封板封顶；当梁宽300mm≤W≤400mm，顶柜边部直接用封板，如图6-55所示。

6.3.3　柱的避让

在衣柜的定制设计中会遇到有立柱的情况，对于墙角有立柱的衣柜设计，可以参照梁的处理方法，可以采用封板、切角柜和浅柜的方法进行避让。

如图6-56所示，立柱的宽度为a，厚度为b，根据立柱的断面尺寸具体处理方法如下：

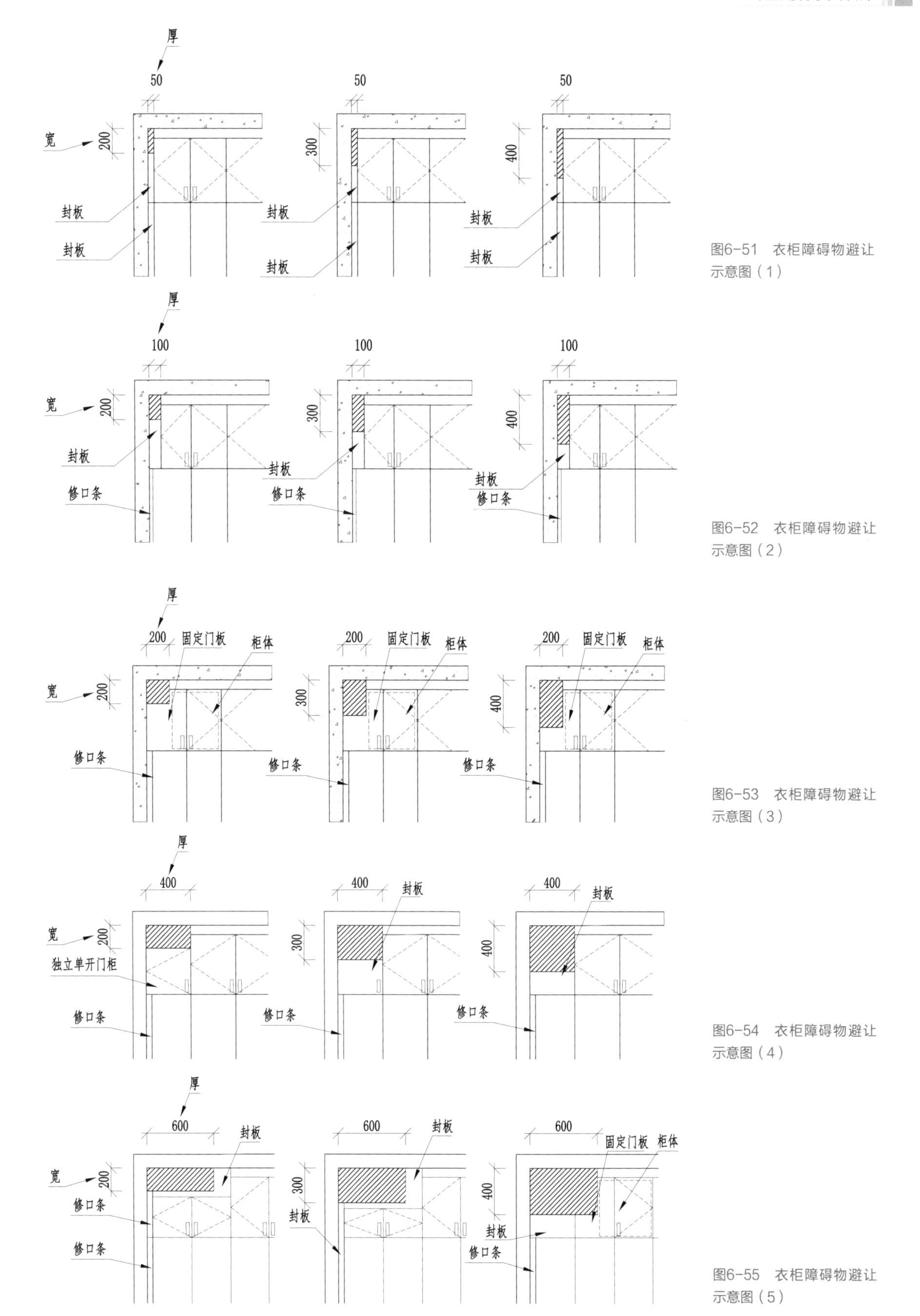

图6-51 衣柜障碍物避让示意图（1）

图6-52 衣柜障碍物避让示意图（2）

图6-53 衣柜障碍物避让示意图（3）

图6-54 衣柜障碍物避让示意图（4）

图6-55 衣柜障碍物避让示意图（5）

①当立柱宽度a≤100mm时，一般用收口板的方法来处理，如图6-56所示。

②当立柱的宽度100mm≤a≤300mm，厚度100mm≤b≤300mm时，用切角柜的处理，如图6-57所示。

③当立柱的宽度300mm≤a≤500mm，b≤300mm时，用浅柜处理，如图6-58所示。

6.3.4 踢脚线的避让

在卧室衣柜设计中会遇到踢脚线，若为木踢脚线建议拆掉，若为石材或其他不易拆除的一般有两种处理情况。

（1）三面靠墙入墙衣柜

柜体宽度尺寸设计依据洞口量尺尺寸减去踢脚线厚度尺寸即为衣柜宽度，安装时两侧墙体踢脚线用封板处理缝隙，衣柜深度尺寸减掉后侧墙体下面踢脚线厚度尺寸，如图6-59所示。

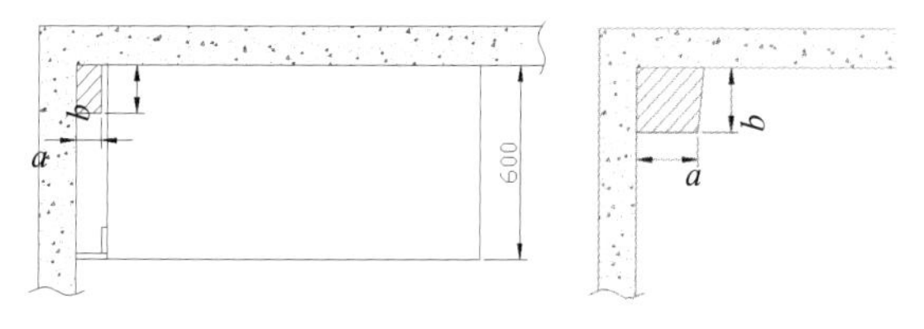

图6-56 柱体封板处理

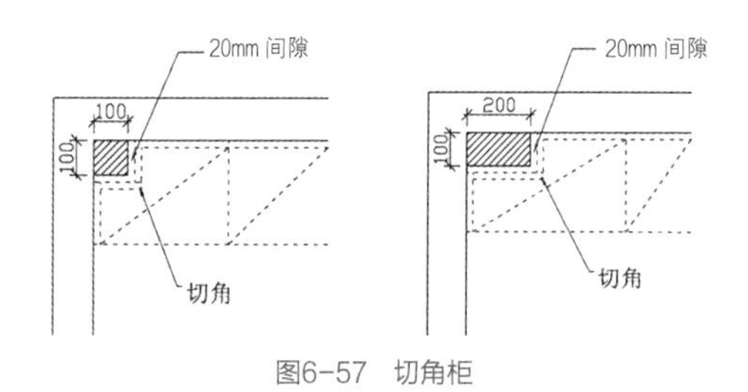

图6-57 切角柜

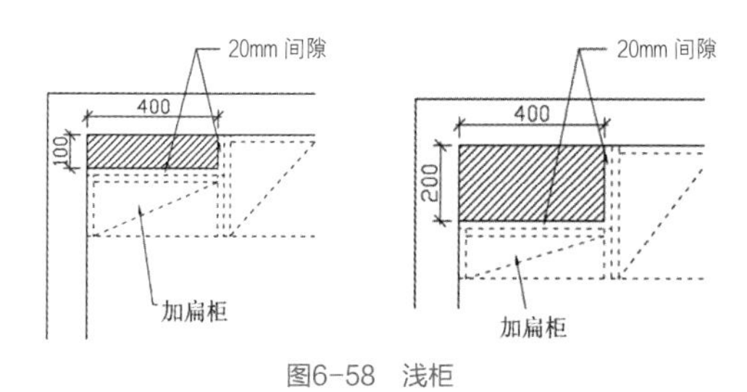

图6-58 浅柜

（2）两面靠墙衣柜

为保证美观，衣柜尽量贴近墙体，衣柜在设计时可以采用柜体背板内进的方式避让，也可以在设计时柜体底座或望板高度大于踢脚线高度，安装时根据踢脚线尺寸板材现场切割的方法避让踢脚线，如图6-60所示。

6.3.5 天花板的避让

（1）天花板角线的避让

当房间顶部有石膏线时，在测量时应取高度方向的最大值，衣柜顶部配封

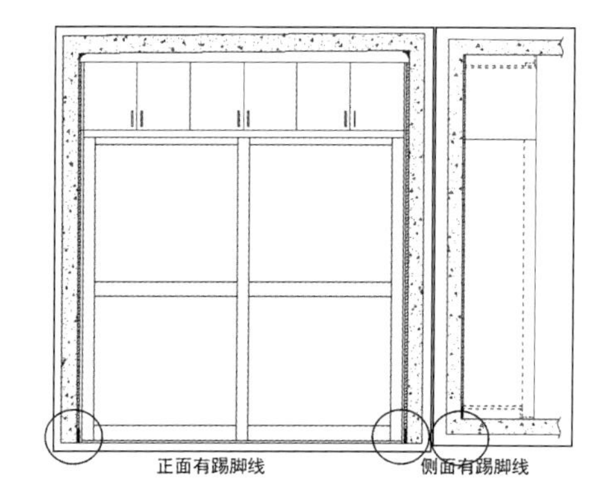

图6-59 入墙衣柜踢脚线避让

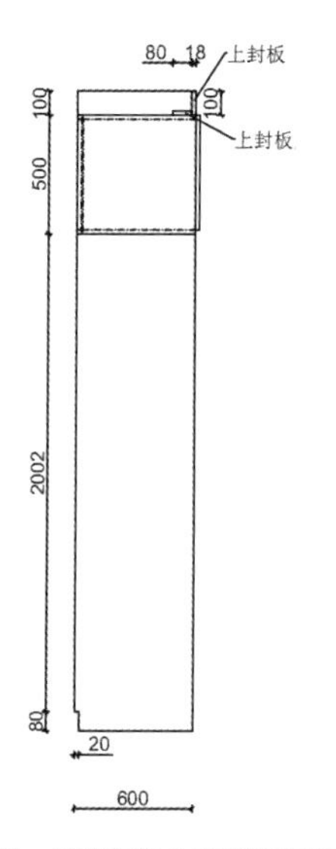

图6-60 两面靠墙衣柜踢脚线避让

板，根据天花板的水平度现场锯斜度，如图6-61所示。如果衣柜一侧有见光面，需要用见光板处理。

（2）墙体与天花有夹角的避让

墙体与天花有夹角，如图6-62所示楼梯间位置，采用独立小柜拼接，且必须是方方正正的柜子，顶部配封板，安装现场锯斜度。

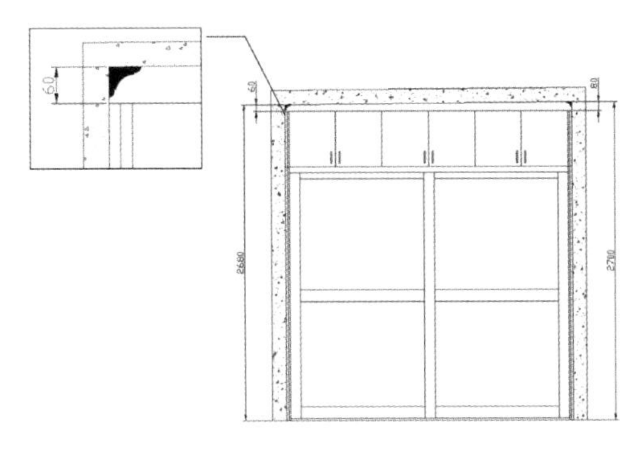

图6-61 衣柜天花板角线避让示意图

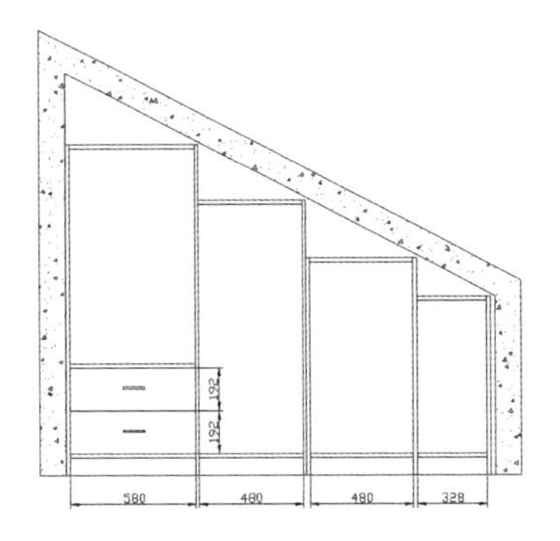

图6-62 墙体与天花有夹角避让示意图

6.4 衣柜与墙体接合部位处理

卧室户型多种多样，卧室空间中衣柜与墙体的不同位置设计时采用不同的处理方式。根据衣柜与墙体的关系主要有单面见光、双面见光和三面不见光三种情况。

6.4.1 单面见光

如图6-63所示，衣柜一旁板靠墙，另一旁板不靠墙，在设计时，靠墙的一侧为了避让天花角线，需要设计为顶线（封板）盖住缝隙，不靠墙一侧旁板外侧加见光板，盖顶线（封板），遮挡缝隙，起到美化作用。如图6-64所示。

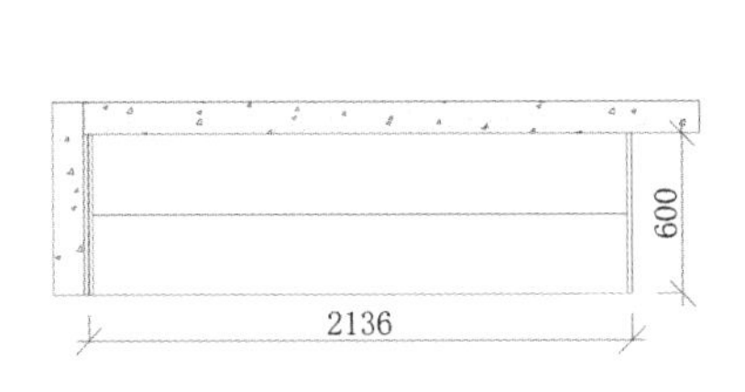

图6-63 衣柜单面见光示意图

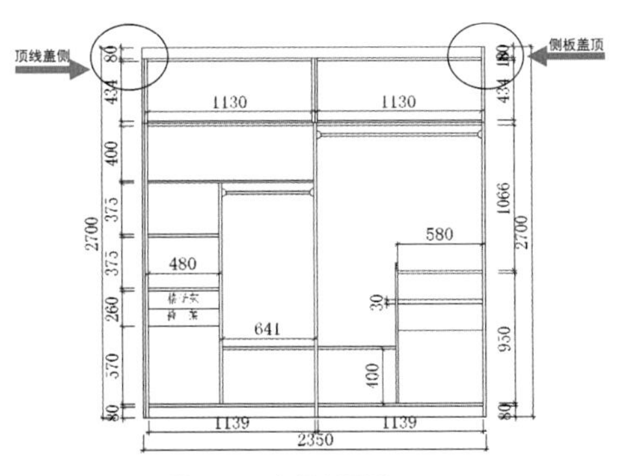

图6-64 衣柜立面图

6.4.2 双面见光

如图6-65所示，根据俯视图可看出衣柜后面靠墙，左右旁板双面见光，这种情况衣柜两侧旁板通顶，夹盖顶线（封板），如图6-66所示。

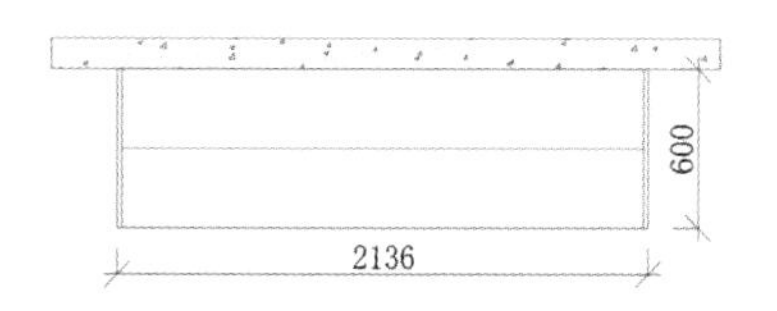

图6-65 衣柜双面见光示意图

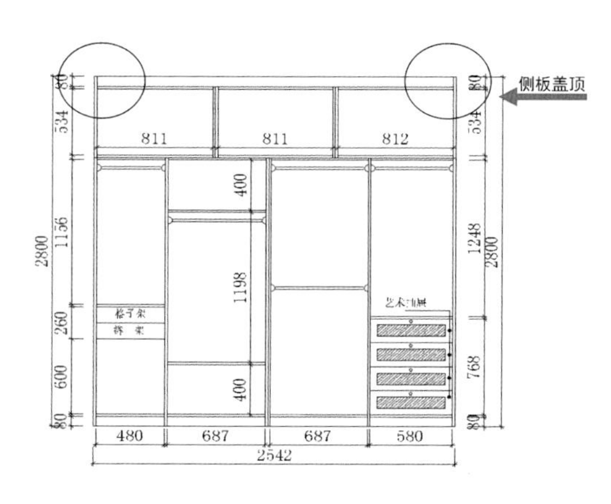

图6-66 衣柜立面图

6.4.3 双面不见光

如图6-67所示，根据俯视图可看出衣柜三面靠墙，左右旁板双面均不见光，这种情况两面旁板不能到顶，都需要预留天花角线的余量，因此设计时需要顶线（封板）盖旁板，如图6-68所示。

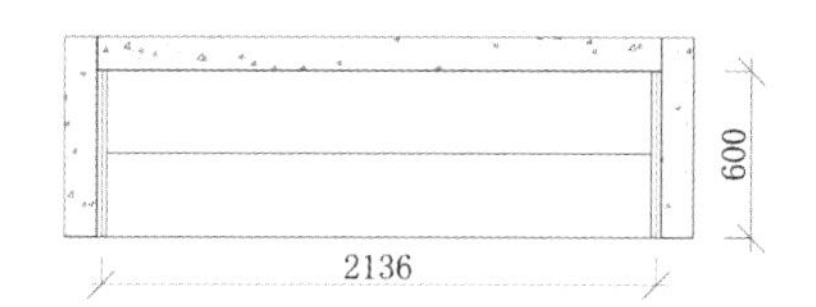

图6-67 衣柜双面不见光示意图

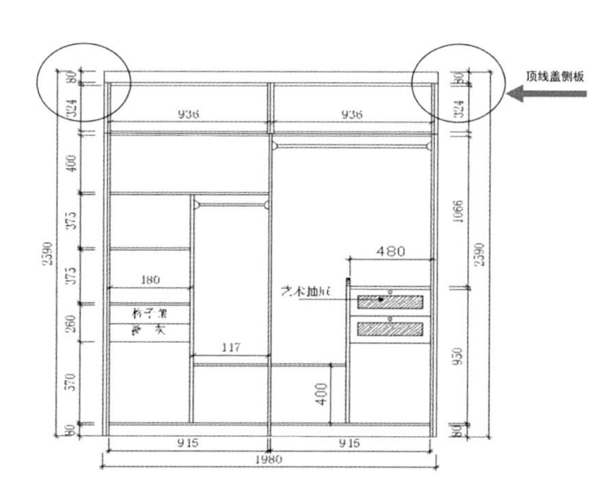

图6-68 衣柜立面图

卧室是人们睡觉休息的主要空间，卧室布局设计是否合理，直接影响到人们的生活、工作和学习，所以卧室定制家具设计也是室内装修设计重点之一。设计师需要根据客户生活习惯和需求保证空间的舒适性、私密性、功能性等。尤其小户型中，对于空间狭小的卧室，设计师应该秉承客户至上的理念，利用专业技能帮助客户实现空间最大化利用，提升客户的生活品质，满足客户对美好生活的追求。

思考与练习

1. 卧室布局设计原则有哪些?
2. 卧室空间动线设计、尺度设计要求有哪些?
3. 衣柜下单图纸尺寸标注要求和内容有哪些?
4. 衣柜上柜后梁的处理方式具体要求有哪些?
5. 衣柜有立柱时处理方式具体要求有哪些?
6. 趟门衣柜门的尺寸如何计算?
7. 什么是适老化家具设计?针对老年人卧室空间，如何通过适老化设计来提升卧室空间舒适度和安全性，让老年人感受美好晚年生活?

7 厨房定制家具设计

知识目标：了解厨房设计原则，厨房电器规格尺寸；熟悉厨房布局形式及厨房家具尺寸；掌握橱柜结构及下单图纸绘制。

能力目标：能够绘制厨房量尺图；能够合理规划厨房布局；能够根据客户需求及现场实况，为客户设计出满意的设计方案。

思政目标：通过学习树立环保、节能、安全的设计理念。培养学生创新思维、开拓意识和奋斗精神，用一技之长为客户创造美好生活，用劳动实现人生价值。

厨房空间设计是指将橱柜、厨具和各种厨房家电按其形状、尺寸及使用要求进行合理布局，巧妙搭配，实现厨房功能一体化。厨房设计过程中根据厨房空间结构，依照家庭使用者的身高、烹饪习惯及灯光设计，结合人体工程学、工程材料学和装饰艺术的原理进行科学合理的设计，将科学和艺术的和谐统一在厨房中体现得淋漓尽致。设计过程中以橱柜为基础，同时按照消费者的自身需求进行合理配置，设计时尤其注重厨房整体的格调、布局、功能与档次。

7.1 厨房设计原则

设计师在设计厨房的过程中需综合考虑，厨房设计过程中需体现合理性原则、人体工程学原则、功能一体化原则、障碍物处理原则及安全性原则等。

7.1.1 合理性原则

厨房设计过程中，首先应考虑的是实用性及合理性。厨房的主要功能是在炉灶、水槽和冰箱之间实施。操作过程中，以冰箱为中心的储物区、以水池为中心的洗涤区、以灶台为中心的烹饪区组成了“工作三角区”，如图7-1所示。那么最理想的情况是三点之间的距离总长不超过6m，不同工作点之间的最佳距离为90cm，此区域被称为“黄金三角区”，合理的“黄金三角动线”减少了厨房操作者不必要的行走路程，让使用者在拿取与放置食品时不会距离太近或太远，在转身时不会太局促。

整体橱柜结构与标准化设计

7.1.2 人体工程学原则

厨房在设计过程中工作台高度应按照人体工程学原理进行设计，一般按照厨房最常使用者的身高作为标准，假定一个人的身高是1.6m（这是厨房操作者常见的身高），小臂自然抬起放在身前，肘弯略大于90°，此时手部离地高度大约是900mm，再减去手部的活动空间，也就是大约850mm高，这个高度适合切菜、洗碗，如图7-2所示。一般建议工作

人体工程学在厨房设计中的应用

厨房的人性化设计

图7-1　厨房工作三角区

台面高度800mm或850mm，工作台与吊柜之间的距离在600～800mm。若为开放式厨房，吧台的台面高度可设计为1000mm。

吊柜的起吊高度应不低于1300mm，吊柜顶部的最高高度尽量不要超过2300mm，并且吊柜的进深应小于台面的宽度，避免操作过程中出现碰头的情况。

厨房中常用物品应该放置在高度700～1850mm处，方便日常存取使用。如果空间允许，橱柜底层的存储柜最好多设计拉篮或抽屉，拐角处设计转角拉篮，方便存储与归纳物品。厨房中，相对两排地柜的单人活动区域宽度为900mm最为方便，从桌子边到墙边或者任何柜体边缘的距离至少应为1200mm，如图7-3所示。

7.1.3　功能一体化原则

整体厨房并不是指一件商品，而是指由橱柜、电器、燃气具、厨房功能用具四位一体组成的橱柜组合，如图7-4所示。其特点是将橱柜与操作台以及厨房电器和各种功能部件有机结合在一起，并按照消费者家中厨房结构、面积以及家庭成员的个性化需求，通过整体配置、整体设计、整体施工，最后形成成套产品，实现厨房工作每一道操作程序的整体协调。在设计过程中，既要充分考虑空间的有效利用，又要考虑电器的安全运行，在此基础上合理安排厨房水、电、气的配置，使厨房整齐划一，达到美观性和功能性的完美结合。例如，冰箱一般放置在离门口较近的位置或内嵌于高柜中。水池下方最好放置洗碗机和垃圾粉碎器。碗盘拉篮

图7-2　工作台最佳操作高度

注：最佳的操作是错层，但因台面加工复杂及费用较高，故一般建议高度800mm 或 850mm

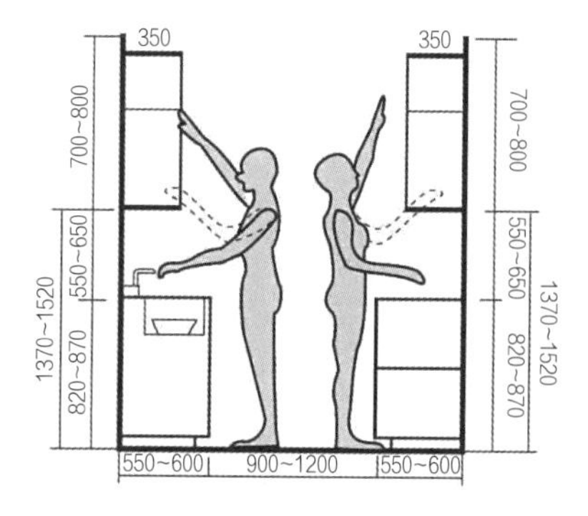

图7-3　人体立姿垂直操作尺寸

一般放置在炉具下方的地柜中。微波炉、消毒柜等电器一般以嵌入式方式放置在橱柜中，既美观，又方便使用。

7.1.4 障碍物处理原则

整体厨房设计可谓是让设计师最“头疼”的设计空间，由于厨房中障碍物较多，如梁、柱、窗户、上下水管、烟道、燃气管、燃气表等，使得厨房在设计过程中存在诸多限制，如图7-5所示。面对如此多的障碍物，处理方法如下。

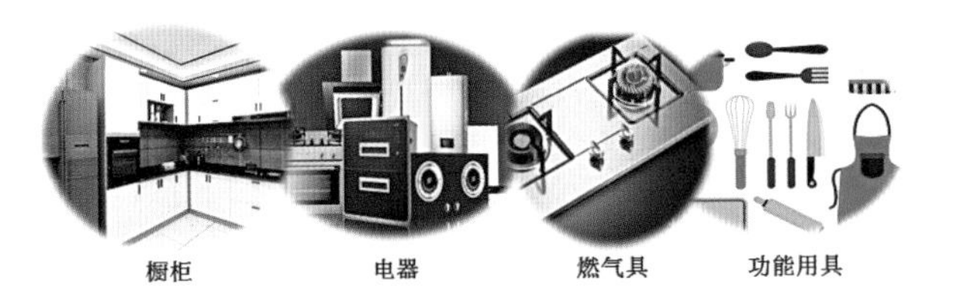

图7-4 整体厨房示意图

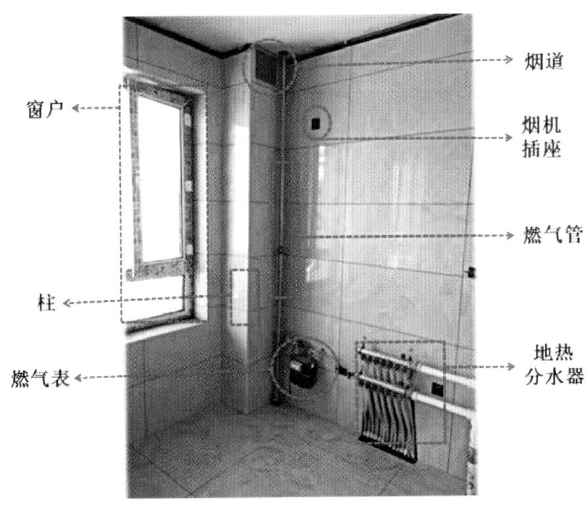

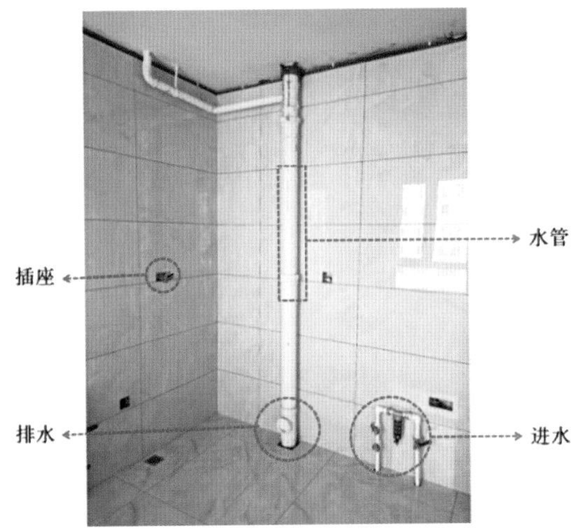

图7-5 厨房常见障碍物

橱柜梁柱处理——地柜

橱柜梁柱处理——吊柜

（1）横梁

若厨房横梁位于厨房一侧墙面，如图7-6所示，设计吊柜时，其一，降低吊柜的高度，在吊柜上方采用顶封板，其二，设计切角柜避让横梁。若厨房横梁位于阳台与厨房之间，且横梁两侧顶面高度不同，如图7-7所示，此时降低吊顶整体高

图7-6 靠墙单侧横梁位置

图7-7 中间横梁位置

度，将横梁包于吊顶内或做二级吊顶，避让横梁。

（2）柱或管道

厨房地柜设计中存在柱或管道时，可以将地柜深度做浅，或者做成切角柜的形式。如果管道柱体较小，可以采用整体避让法，通过装饰板或门板遮盖障碍物。当管道位于水盆柜或炉灶柜后方时，可以将两者的柜体背板前移，躲避障碍物。切记不可在柜体中央切割躲避障碍物。如图7-8和图7-9所示为地柜、吊柜常见管道避让方法示意图。

具体避让方式如下：

①如横管道在吊柜背部，则将吊柜做浅或在相应位置上切相应大小的凹位（可以现场切开，但应与客户说明）。

②如横管道在墙脚，且高度小于100mm，安装时可调地脚应避开横管道，并在橱柜设计图中注明。

③如横管道高度在90～790mm，可把柜身做浅或切角。

④其他高度的横管道，可采用下面两种办法处理：改变橱柜高度尺寸或改变横道管道高度。

在厨房的设计中，遇到墙跺或障碍物时，一般采取两种方式：一种是加填缝装饰板；另一种是在不更改柜身长度的情况下，改变柜体的进深。

在相应位置对橱柜进行裁切，从而达到回避的目的，但考虑到现场加工实际情况和生产效率，必须杜绝凹形和圆弧形设计。

当柱子或管道在转角处时，转角处采用柜体交错，调整板的处理，如图7-10所示。

墙垛和障碍物的宽度小于100mm时，可以通过装饰板遮盖的方法处理，如图7-11和图7-12所示。

当墙跺或障碍物的宽度大于100mm时，可以采用宽度大于墙跺或障碍物的柜体，通过改变柜体深度的方式处理，如图7-13 所示。

（3）水槽

厨房设计过程中，水盆柜尽量靠窗，保证洗菜、切菜时有足够的光照，此时应注意内拉窗和上翻窗的开启角度，如图7-14所示。若开启后会碰到水龙头，则需要更换窗户的开启方式，或者合理安

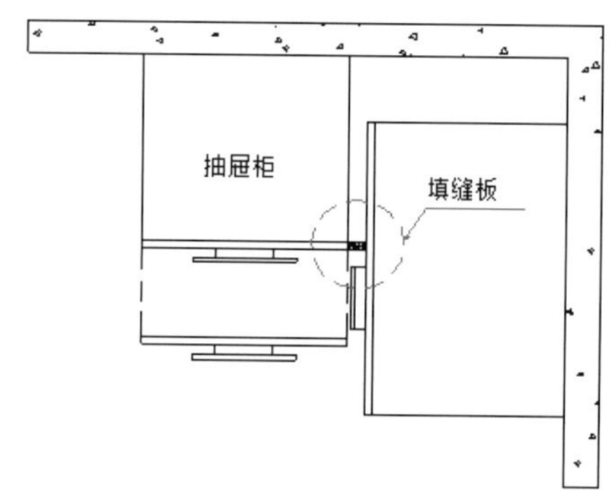

图7-10 转角处避让

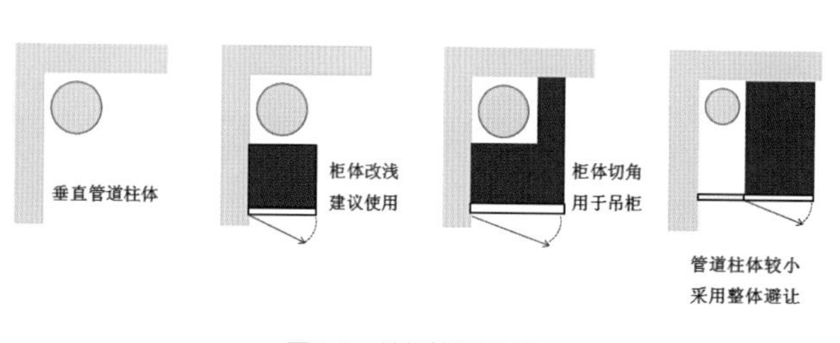

图7-8 地柜管道避让法

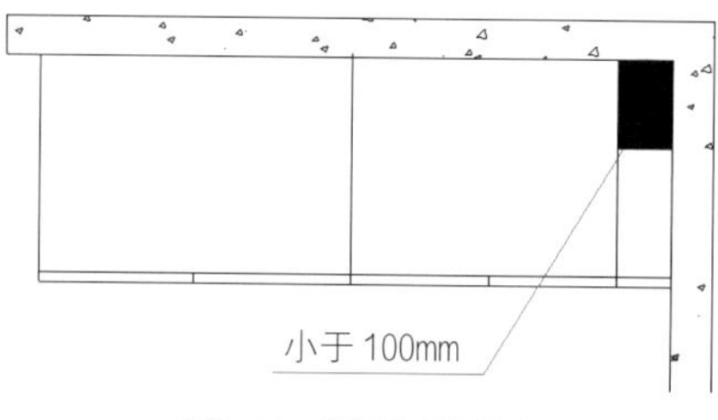

图7-11 靠墙障碍物避让

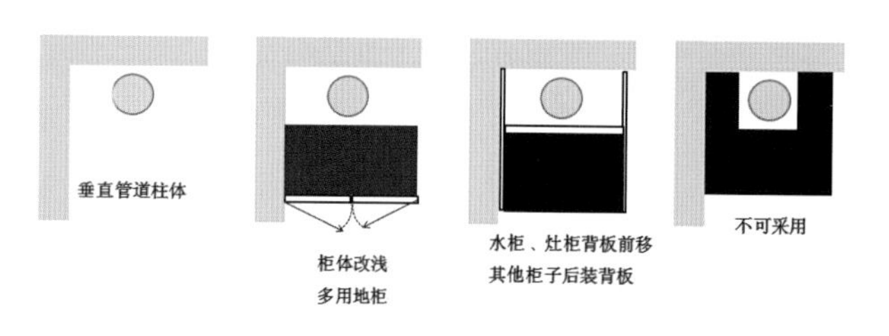

图7-9 吊柜管道避让法

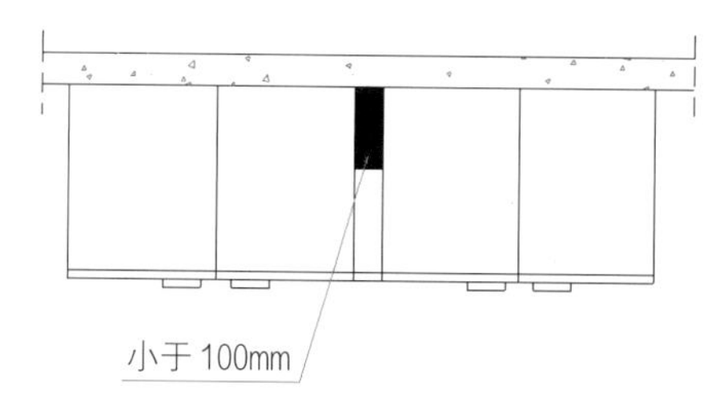

图7-12 柜体间障碍物避让

排水槽的设计位置。

（4）上下水管

上水一般置于水槽柜中，方便与水龙头连接，要求留接口出墙30mm左右，便于接口，上水应定位在距地面高度500mm处。下水即洗涤用水的排水管道走位，按行业标准应距地面高度300mm以下，便于排水顺畅。上下水管如图7-15所示。

厨房装修过程中水管尽量包起来，处于角落处的水管可用切角柜或转角柜遮盖，中间的水管可用窄柜或封板遮盖。若厨房中现存上下水管位置不合理，可整体调整上下水位置，尽量保证上下水位置在水槽附近。下水管太长容易造成堵塞、漏水，一般长度不超过1500mm，若下水管过长，建议把下水管垫起坡度，如图7-16所示。应尽量避免上下水管不在水槽柜内，这样一方面可以避免在接给排水时切割柜体，另一方面使排水更加顺畅。

（5）燃气管道

一般情况下，使用石材包管处理，用柜门、台面等把管道掩藏其中，但应考虑不能影响其使用，如图7-17所示。设计过程中应保持燃气管道以及燃气表要外露，不能安装在其他功能柜及特殊柜内，以免阻碍开关和检修。炉灶柜在设计时不能离烟道超过1.5m，若离烟道太远可能会导致排烟不畅。燃气表尽量不要改动（燃气公司政策不同），灶台所需的燃气软管不宜太长。燃气表方便读数，尤其是要保证用户可以顺利插卡和更换电池。灶沿离垂直燃气支管的水平距离必须大于300mm。

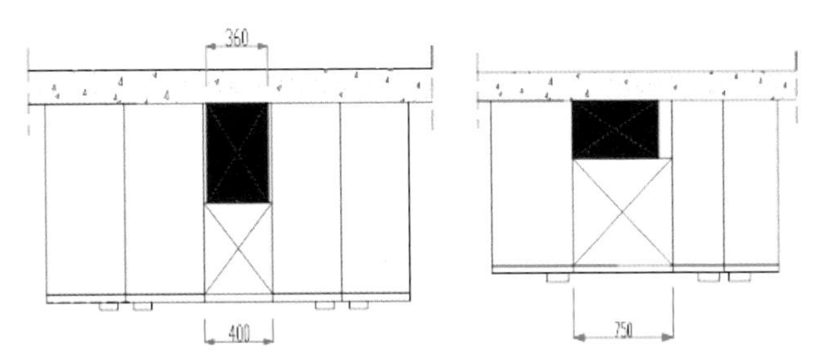

图7-13 改变柜体深度避让

图7-14 水龙头与窗的开启方向

图7-15 上下水管示意图

图7-16 下水管垫坡度处理

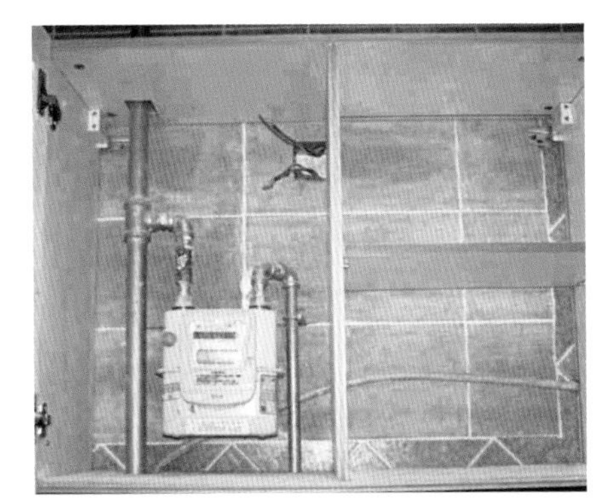

图7-17 燃气管道处理及燃气表在柜体中位置

（6）烟道

烟道直径为160～165mm，离烟机水平距离不超过1500mm，且最好是隐藏在吊顶内。一般烟道开孔直径为180mm，以方便固定烟机止回阀。若烟管需要在吊柜内或在其他位置穿孔，穿孔直径一般为170mm。吊柜设计过程中，烟道与吊柜之间的位置关系分为以下三类（图7-18）：（a）烟道开孔位置在吊顶以上高度，烟管被烟机二级装饰罩遮挡；（b）烟道开孔在吊顶以下吊柜安装高度以上，烟管穿过烟机吊柜，从吊柜上部进公共烟道；（c）烟道开孔在吊顶以下、吊柜安装高度以内，烟管穿过烟机吊柜，则从旁边柜中进公共烟道。这三种位置关系涉及烟道开孔高度及吊柜安装高度，设计过程中应特别注意。

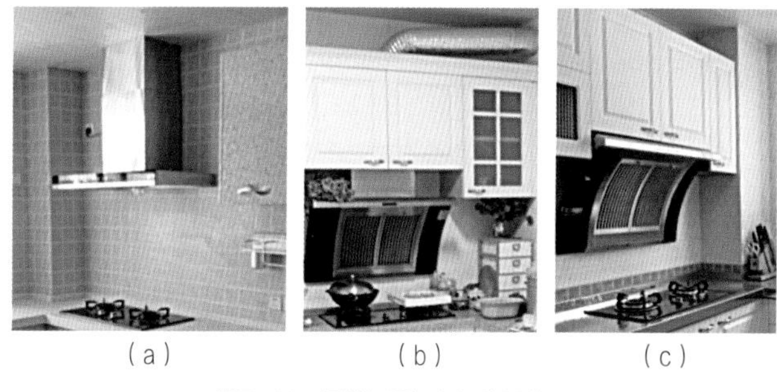

（a）　（b）　（c）

图7-18　烟道与吊柜之间位置关系

7.1.5　安全性原则

厨房空间的设计过程中一定要考虑安全问题。厨房地面应略低于餐厅地面，并做防水渗漏处理。天花板可选用PVC扣板、铝扣板、塑铝扣板等防潮、易清洁的材料。厨房应避免阳光的直射，防止室内储藏的粮食、干货、调味品因受光热而变质。另外，厨房空间需要良好的通风设置，但在灶台上方切记不可有窗，否则燃气灶具的火焰受风影响不能稳定，甚至会被大风吹灭。

7.2　厨房设计标准

厨房设计中，橱柜的设计标准尤为重要，设计者应先考虑橱柜地柜及吊柜的设计，然后再根据使用者的要求在厨房中融入相应的功能部件。设计师需要遵循设计标准，合理设计。

定制产品设计

橱柜设计规范

7.2.1　橱柜地柜设计原则

橱柜地柜的高度一般指地角腿高度、柜体高度及台面厚度三者之和。通常地角腿高度设置为110mm左右，地柜自身高度一般为650～700mm，橱柜台面厚度为40mm，所以地柜总高度通常为800～850mm。在设计过程中，可根据使用者的身高来确定地柜的具体高度。一般当使用者身高低于165cm时，地柜高度设计为800mm，当使用者身高高于165cm时，地柜高度为850mm。设计过程中，应符合人性化设计原则，调料拉篮和抽屉地柜一般设计在炉灶柜的左右较为合适。灶台设计一般不靠右墙、少靠左墙，以避免使用者操作过程中手臂磕碰墙体，减少操作不便的情况发生。尽量保证水池和炉灶之间的操作台尺寸在600mm以上，留足够的备餐区空间。水槽一般放置在专用水槽柜内，该水槽柜底板覆盖一层防水铝箔纸。

地柜转角处的设计要特别注意，如图7-19所示，当转角处无障碍物时，正常设计转角深入柜，尽量保证单门打开尺寸在300mm以上，固定门板（死门板）尺寸与另一侧台面的侧深相同。常用转角柜宽度一般在1000mm以上。在转角相邻的两个柜体之间一般加入50mm转角条（调整板），如图7-20所示，目的就是为了使两个方向的柜体在开启时互不干涉。原则上转角封板的活动封板≥30mm（固定封板≥50mm），但是在实际运用当中，活动封板最好做到

≥50mm，以便于现场的修改调整。当两个柜单元成90°或非90° 转角关系时，如图7-21所示，在设计时都应注意柜体的相互干涉问题，避免柜体门或抽屉无法打开。

如图7-22所示，当转角处存在障碍物，设计转角深入柜时，首先，应保证单门打开尺寸在300mm以上，此时，固定门板（死门板）尺寸为另一侧台面的侧深减去障碍物尺寸。其次，转角柜柜体总长度与另一侧的台面侧深有关联，转角柜宽度尺寸根据障碍物宽度确定。

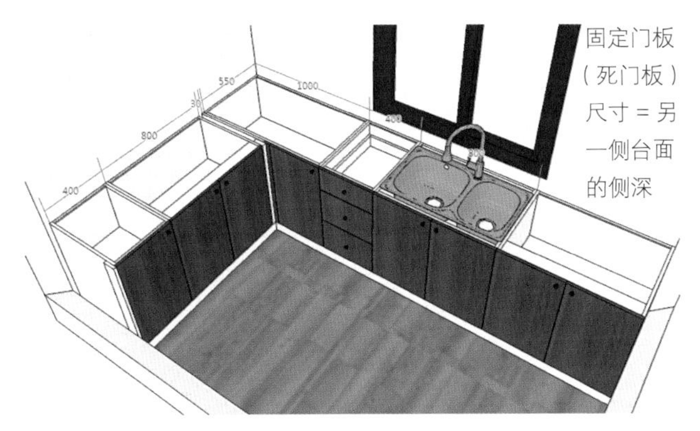

图7-19　无障碍物时转角深入柜示意图

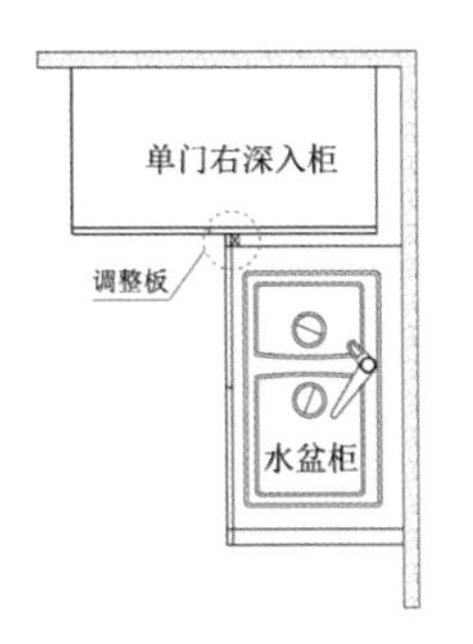

图7-20　转角处调整板放大图

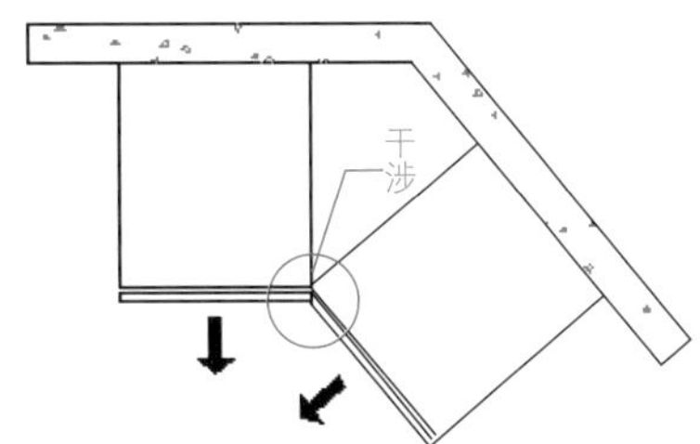

图7-21　转角处门板冲突

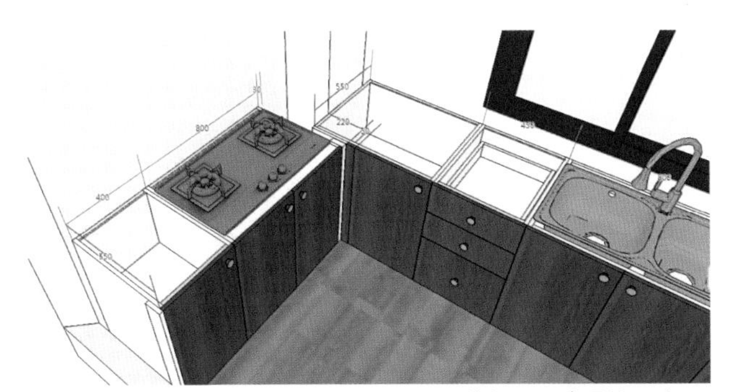

固定门板（死门板）尺寸＝另一侧台面的侧深－障碍物尺寸

图7-22　存在障碍物时转角深入柜示意图

7.2.2 橱柜吊柜设计原则

调查显示，中国女性成年人的平均身高一般在160cm左右，在实际使用过程中，正常抬手所能拿取到的位置在175cm高度处，即为吊柜中间位置，吊柜自身高度一般为650~780mm。所以由此得出，厨房地柜与吊柜之间的垂直距离是500~600mm，其中最常用的符合人体工程学原理的高度为600mm，也是国家标准建议的地柜与吊柜之间标准高度。除此之外，吊柜设计过程中需要注意烟机与炉灶中线必须对应。

设计过程中，抽拉式及上翻式柜体尽量不靠墙放置，以防墙斜影响柜体正常安装，如靠墙设计时，应在柜体和墙面之间安装装饰板条，如图7-23所示。抽拉式柜体及配件在转角柜时要加调整板，防止拉手厚度导致柜门抽拉不便，如图7-24所示。

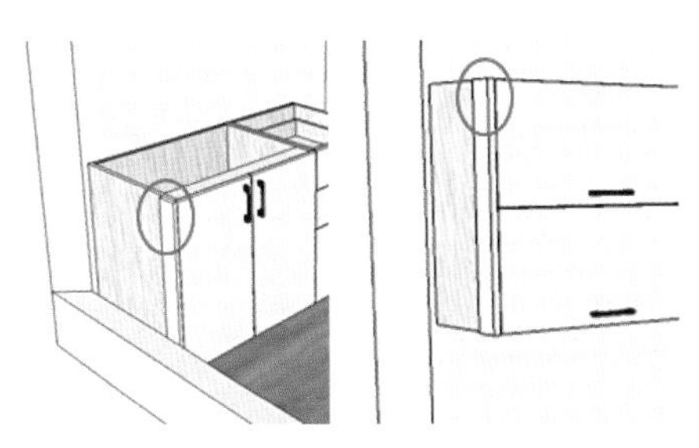

图7-23　吊柜靠墙时处理方法

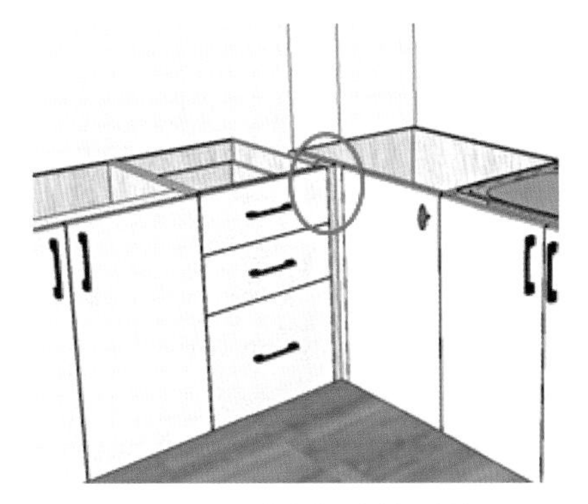

图7-24　转角抽屉柜处理方法

7.2.3 厨房功能部件设计

厨房中功能部件较多，包括烟机、炉具、水槽、冰箱、微波炉、净水器等。这些功能部件要和橱柜合理搭配设计，具体设计原则如下。

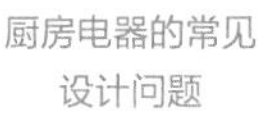
厨房电器的常见设计问题

厨房电器位置设计案例

集成灶和高低橱柜

（1）烟机和灶具

厨房水电改造注意事项

厨房设计过程中，考虑到安全因素，燃气表不可以放在炉灶柜内，否则有严重的安全隐患，当然，燃气公司也不会允许这样做的，如果灶台的位置不能改变，必须要求客户移表。设计时，烟机和灶台中轴线需要对应，烟机底部距离台面高度650~750mm，最好是700mm，烟机太低会碰头，影响操作，太高则会降低烟机的吸烟效果。应避免吸油烟机的排烟道过长，吸油烟机应尽量靠近排烟口，这样可以提高排烟效果。

中式烟机一般需要在烟机上设计吊柜以及吊柜和吊顶之间的封板，用来遮蔽烟管，烟机吊柜高度也是根据烟机和柜体高度而定。中式烟机宽度不定，因此一定要根据客户所选择烟机的具体尺寸来决定烟机吊柜。欧式烟机有不锈钢套筒，因此烟机上方可不做吊柜。欧式烟机一般宽900mm，深500~550mm，两侧应预留10~50mm宽度，便于烟机安装，即900mm宽的烟机，烟机吊柜宽度应为950mm左右。

（2）水槽

厨房水电改造布置原则

水槽的两边应留有足够的空间，在一边靠墙时，应至少留有80mm的间隙，水槽处于拐角处时，两边应留有足够的空间，以方便操作。设计时一定不要想当然以为900mm宽的水槽柜一定能放下客户的水槽，必须要询问客户水槽的具体开孔尺寸和外形尺寸是多少，根据水槽尺寸来决定水槽柜宽度，水槽柜太大承重不好，太小了放不下水槽，水槽柜宽度要比水槽开孔尺寸至少大40mm，一般水槽柜宽度为900mm，最大宽度为1200mm。设计过程中需要询问客户做台上盆还是台下盆。合理的水槽高度是使用者站立时手指刚好能触及水槽底部。

若需要在水槽柜内安置燃气表、热水器、净水器等设备时，一定要考虑水槽的下水管不会影响小电器安装。需注意水槽会不会被柜内的燃气表等影响而无法落位。

（3）冰箱

冰箱若放于厨房内，一般靠门放置，根据冰箱宽度留出合适位置，宁大勿小。一般情况下，冰箱两侧应各预留100mm，顶部预留250mm以供冰箱散热，因此冰箱上方一般不做吊柜。双开冰箱门一般都很厚，一定注意是否预留足够的开门空间，带有制冰功能的冰箱，要问清楚客户是否需要连接饮水软管。如果厨房小于4m^2，一般不将冰箱放在厨房内，冰箱也不放在能够被阳光直射到的地方。

（4）嵌入式消毒柜

因为炉灶在使用过程中会发生下沉，消毒柜很有可能与下沉的灶具干扰，因此消毒柜尽量不放置在炉灶下面。消毒柜也不要放在转角处，放在水槽附近比较合理。挂式消毒柜可以吊装，下沿与吊柜下沿平齐即可。

（5）微波炉

微波炉建议做微波炉吊柜，但是在烤漆、UV漆、吸塑、防火板等单面门板上慎用，此时可考虑微波炉挂架。微波炉不要太靠近炉灶和烟机。

（6）厨房用热水器

厨房用热水器一般放在水槽柜内，需要留电源插座，建议客户选购3.5L上进水的厨房用热水器，体积较小，不会对水槽的安装造成影响。大型的厨房用热水器可以单独放在水槽柜隔壁的柜子内，或者挂在墙上，留好插座和进出水管。

（7）燃气热水器

燃气热水器需要预留插座、进出水、燃气软管。插座一般预留在热水器安装位置附近，进出水留在热水器安装位置以下，燃气软管一般应穿套管埋于墙中，便于检修和更换。注意套管不要在燃气热水器安装位置背后，以免安装时打穿套管造成危险。热水器不能放在柜体内，而且距离柜体至少要150mm，避免高温影响柜体材质。

（8）净水器

净水器一般放在水槽柜内，需预留电源插座，若水槽柜内空间不足，可以将净水器置于水槽柜相邻的柜子内，然后在柜体上开孔穿饮水软管。如果净水器要接饮水机，也需要预留软管。

（9）洗碗机

洗碗机应尽量靠近水槽柜，利于排水。洗碗机与水槽的距离最多不能超过900mm。洗碗机需要留插座、上下水，和消毒柜不同的是洗碗机并不需要柜体，只需留出合适的空间放置即可，有些洗碗机还需要一块门板，装在洗碗机外面，保持橱柜视觉效果的整体一致性。洗碗机的进水位置于此电器后且高度应距地400～500mm。排污口位于电器相邻柜子的地面，距离背墙200～300mm的位置来布置。

（10）垃圾处理器

垃圾处理器除了留插座，还应注意垃圾处理的开关是怎么安装的，是否需要在台面上开孔。安装垃圾处理器的水槽柜不要太大，因为垃圾处理工作时会产生巨大的震动，水槽柜太大会导致柜体强度下降。

（11）洗衣机

洗衣机放置于厨房中时，一般是正面开门的滚筒式洗衣机，为防止洗衣机使用时带来的震动，设计时上面离台面的间隙和离柜子的两侧间隙都应留有5～10mm的空位。

（12）拉篮

①大三层拉篮：此款拉篮主要是放置调味品和刀叉之类的物品。设计时一般是将它放到炉灶柜的旁边，另外，柜子的设计规格尺寸一定要注意拉篮的外形尺寸，否则装不进去。柜门做拉门时一般宽度≥400mm；做开门时宽度≥450mm。

②180° 转盘：此配件的特点是充分利用转角位，储存在角落的物品可以通过转盘顺畅转动，从拐角转到开门位，方便拿放。开门的宽度尺寸应大于450mm，并且转角位不能有柱子，否则装不下配件。

③转角拉篮：转角拉篮的储物功能和180° 转盘一样，设计时注意柜体的宽度要大于或等于900mm，深度要大于530mm，且开门要大于或等于450mm，且转角位不能有柱子。

④炉头拉篮：炉头拉篮的功能一般是放置炊具用品，在设计时可把它设计在炉灶柜里面，且柜体的宽度可做800mm或900mm，柜深度要大于450mm。

7.3 厨房家具类型及功能尺寸

整体橱柜的基本构成包括柜体、门板、台面、五金配饰件、厨房电器等，如图7-25所示。整体划分为吊柜、地柜、台面。其中，台面包括台面、前下扣、后上挡水、前上挡水、侧单层下口、侧上挡水、前沿造型。除此之外，根据需要还可以设计出半高柜、高柜等，还有其他辅助配件，如地脚、拉手、顶线、装饰板。

7.3.1 厨房家具类型

厨房家具主要是用于厨房存储、做饭、洗涤等用途的家具，既要方便美观，又要安全实用。厨房家具主要为橱柜，橱柜的主体是地柜和吊柜，除此之外，还包括开放柜、半高柜、高柜和电器柜等柜体，如图7-26所示。

橱柜地柜包括：单开门地柜、双开门（转角）地柜、灶柜（转角灶柜）、拉篮地柜、消毒柜（烤箱）地柜、水柜（转角水柜）。

橱柜吊柜包括：单门吊柜、双门吊柜、上翻门吊柜、烟机吊柜。

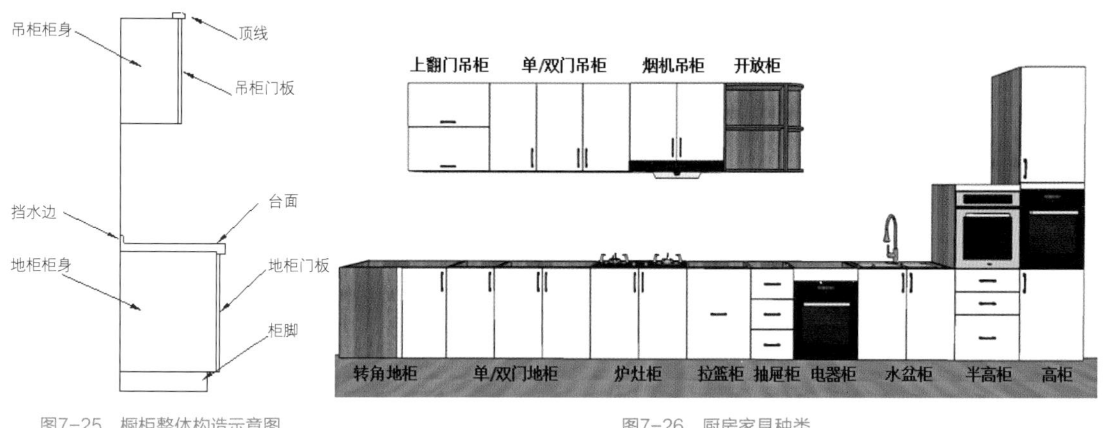

图7-25 橱柜整体构造示意图

图7-26 厨房家具种类

7.3.2 橱柜功能尺寸

橱柜吊柜深度含门板，一般是深320mm或370mm；吊柜柜体深300mm或350mm，地脚的标准高度为100～110mm。

台面标准石英石深度600mm，厚度为15mm，后挡水标准高度为50mm，台面下扣标准高度（含板厚）为50mm。

常规橱柜地柜台面深度600mm，柜体深550mm，其中灶台区也可以做成台面深度550mm，柜体深500mm。如表7-1和表7-2所示为常用橱柜地柜和吊柜尺寸参数。若空间区域过窄，则可以将橱柜做成台面深500mm，柜体深450mm，减薄区域也可以根据障碍物做成更浅的柜子，如吊柜当地柜使用。但水槽柜若深度减小，会使水槽类型选择减少。地柜深度变浅时，蒸箱、烤箱类电器也不能嵌入柜内。

表 7-1 常用橱柜地柜尺寸参数表

名称	高度/mm	深度/mm	宽度/mm					
单门地柜	650、700	450、500、550	300	350	400	450	500	600
双门（转角）地柜、双门灶柜			700	800	900	1000	1100	1200
抽屉地柜			400	450	500	600		

续表

名称	高度/mm	深度/mm	宽度/mm					
调料拉篮柜		500和550	350	450				
碗盘拉篮柜			700	800	900	1000		
单双水槽柜			600	700	800	900	1000	1100
烟机柜			600	750	900	1200		
消毒柜地柜（微波炉、烤箱）			600					
功能半高柜	1350	550	600					
半高柜	1440	550	600					
高柜	2100	550	600					

表 7-2　常用橱柜吊柜尺寸参数表

名称	高度/mm	深度/mm	宽度/mm					
单门吊柜	700	300和350	300	350	400	450	500	600
双门吊柜			600	700	800	900	950	1000
微波炉吊柜			600					
五角吊柜			600					

7.3.3 常见厨房电器

厨房中常用电器较多，在设计过程中需要了解厨房常见电器种类以及常用电器尺寸，如表7-3所示为厨房电器常见尺寸表。

整体橱柜的集成电器

表 7-3　厨房电器常见尺寸

名称	宽度/mm	深度/mm	高度/mm	直径/mm
单开门冰箱	540～650	540～650	530～1820 *1580，*1680，*1725	
双开门冰箱	900～1100	730	1820	
燃气灶（双眼）	710～820	350～480	60～120	50
顶吸烟机	720～1200	350～480	60～120	
侧吸烟机	700～1000，*760，*900	300～380，*350	300～400	
微波炉	460～580	350～380	300～380	
消毒柜（嵌入式）	595～598	420～460	595～638	
蒸烤一体机（嵌入式）	595～598	420～460	595～638	
洗碗机	450～600	450～600	820	
水盆（双盆）	680～998	360～485	180～220	
水盆（单盆）	230～998，*530～580	230～485	180～220	

注：常见尺寸使用*标注。

（1）烟机设备

烟机种类较多，设计吊柜时需要格外注意烟机外形尺寸，如表7-4所示为常见烟机技术参数。

表 7-4　常见烟机技术参数

产品系列	外形尺寸/mm	出风管尺寸/mm	产品图片
欧式油烟机	895×527×580	180	
	745×520×530	180	
	897×520×685	180	
	896×500×564	180	
近吸式油烟机	795×395×510	180	
	745×380×480	180	

①欧式油烟机：如图7-27所示，利用多层滤网过滤（5~7层），增加电机功率以达到最佳效果，一般功率在200W以上。特点是外观漂亮，价格较贵，适合高端用户群体，多为平网型过滤油网吊挂式安装结构。

图7-27 欧式烟机

②侧吸式油烟机：如图7-28所示，利用空气动力学和流体力学原理设计，先利用表面的油烟分离板将油烟分离再排除干净。特点是抽油烟效果好，不滴油，不碰头，隐藏在橱柜里，与橱柜融为一体，不占空间；电机不粘油，使用寿命长，清洗方便；功率一般在160W；油烟不通过呼吸区，保证使用者的身体健康。

图7-28 侧吸烟机

（2）厨房燃气（电）加热设备

厨房燃气加热设备主要包括燃气热水器，燃气灶具。厨房电加热设备包括储热式小厨宝（小型电热水器）、速热式电热水器及电磁炉、电饭煲、电压力锅等，如图7-29至图7-33所示。其中，常用于家庭洗漱和厨房用水的燃气热水器设备对于技术及安装要求较高。

①燃气灶：有双眼灶、三眼灶和单眼灶，如图7-34至图7-36所示。表7-5所示为燃气灶主要型号及技术参数。

图7-29 热水器

图7-30 厨宝

图7-31 电磁炉

图7-32 电饭煲

图7-33 电压力锅

图7-34 双眼灶

图7-35 三眼灶

图7-36 单眼灶

表 7-5　燃气灶主要型号及技术参数

产品系列	五腔安全火燃气灶	高效直喷燃气灶	五腔精锐燃气灶	聚能恒控燃气灶	聚能精控燃气灶
燃烧器数量/个	2	2	2	2	2
锅支架材质及表面处理方式	碳钢+搪瓷	碳钢+搪瓷	碳钢+搪瓷	碳钢+搪瓷	碳钢+搪瓷
进风方式	上进风+下进风	上进风+下进风	上进风+下进风	上进风+下进风	上进风+下进风
外形尺寸/mm	820×450×80	820×450×80	750×430×80	710×410×90	710×410×90
开孔尺寸/mm	708×388 4×R80	708×388 4×R80	660×360 4×R40	660×360 4×R40	660×360 4×R40
安装台面厚度/mm	20	20	20	20	20
产品图片					

②蒸箱：蒸箱是最具中国特色的烹饪厨电，正受到越来越多的重视，如图7-37所示。

③微波炉：微波炉目前已成为居家必备的厨房电器，大都主要用于热菜，如图7-38所示。

④烤箱：烤箱在我国正受到越来越多的年轻人青睐，如图7-39所示。

⑤消毒柜：不同类型的餐具应该分别消毒，即将不耐高温的餐具放进低温消毒室消毒，耐高温的可放入高温消毒室消毒。消毒柜应放置在干燥通风处，离墙不宜小于30cm。消毒期间，非必要时请勿开门，以免影响效果。消毒结束后，如过10min再取用的话，效果更好。表7-6所示为消毒柜主要技术标准。

图7-37　蒸箱　　图7-38　微波炉　　图7-39　烤箱

表 7-6　　消毒柜主要技术标准

产品系列	U光源杀菌消毒柜		自动感应杀菌消毒柜	
型号	ZTD100J-13	ZTD100F-07A	ZTD100F-C2	ZTD100J-15
消毒方式	紫外线+臭氧	紫外线+臭氧+负离子	紫外线+臭氧+负离子+自动感应	紫外线+臭氧+负离子+自动感应
消毒等级	二星级	二星级	二星级	二星级
安装方式	嵌入式	嵌入式	嵌入式	嵌入式
外形尺寸/mm	宽597×高615×深430	宽597×高615×深430	宽597×高615×深430	宽597×高615×深430
内嵌尺寸/mm	宽561×高585	宽561×高585	宽561×高585	宽561×高585
产品图片				

（3）厨房洗涤设备（水槽、水龙头）

水槽是安装于橱柜上的洗涤池，有单盆、双盆、单盆单翼、双盆单翼、双盆双翼，目前最常用的为双盆和单盆水槽，如图7-40所示。

（4）垃圾处理设备

垃圾处理设备应与水槽下水孔尺寸配套，由食物垃圾无害化处理系统组成，如图7-41所示。

7.3.4　橱柜结构

橱柜一般由地柜、吊柜、台面三部分组成。一部分较大的厨房还可以配上高柜、中高柜或是岛台。由于橱柜属于板式家具，所以橱柜基本上是由板件及五金配件构成。如图7-42所示为单元柜结构图。

图7-40　水盆

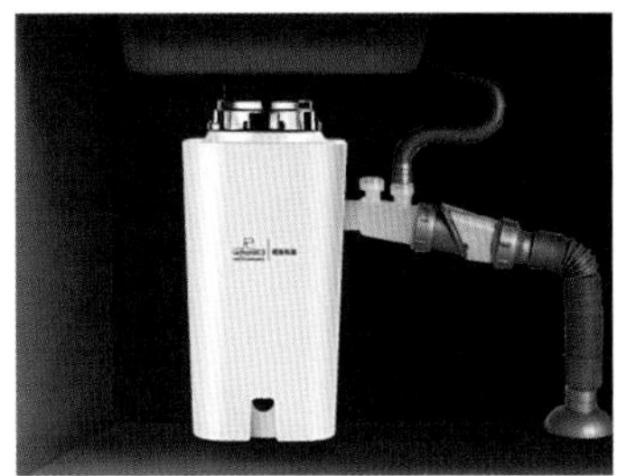

图7-41　垃圾处理设备

（1）地柜的结构

以一个双门地柜为例，柜体结构主要由左右侧板、底板、顶板（一般地柜无顶板）、前后拉条、背板、门板、连接五金件、门铰、柜脚等组成，如图7-43所示。

（2）吊柜的结构

以一个双门吊柜为例，柜体结构主要由左右侧板、顶底板、背板、门板、连接五金件、门铰、吊码或吊柜螺丝等组成，如图7-44所示。

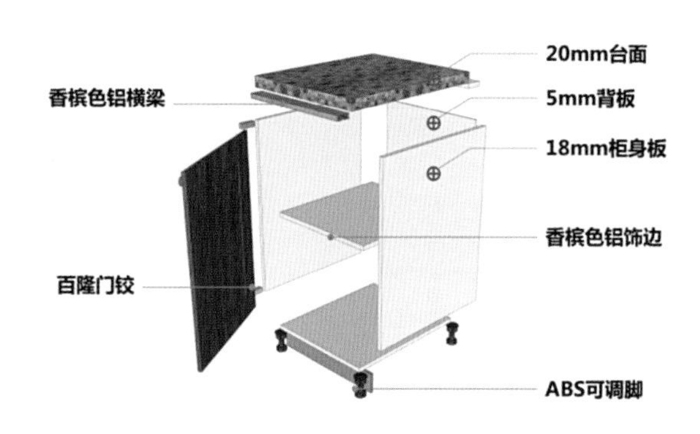

图7-42　单元柜结构图

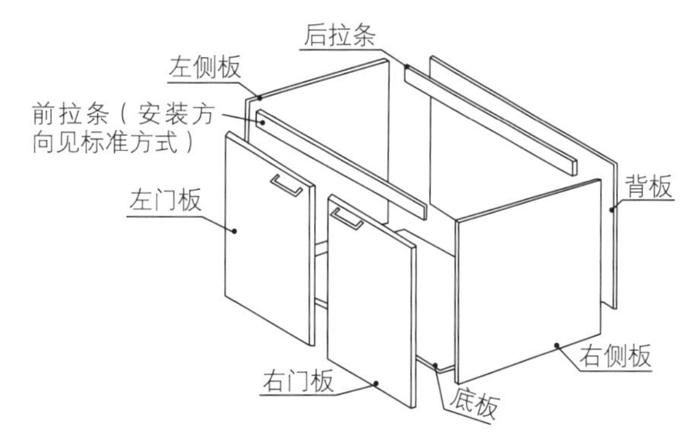

图7-43　地柜结构图

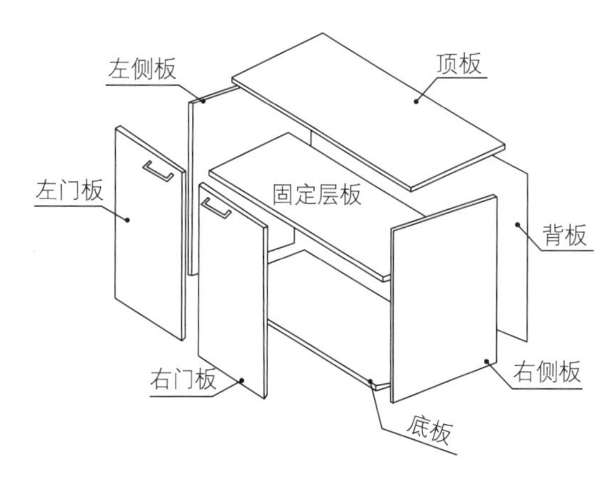

图7-44　吊柜结构图

（3）吊柜和地柜常用术语

①顶封板：用于封闭吊柜与天花板之间空隙的固定板件。

②顶线（或顶板）：盖在吊柜顶部的整板称为顶板，其最大宽度不超过600mm，最大长度不超过2400mm，伸出吊柜部分可装射灯；吊柜顶部前端线条称为顶线。

③搁板：垂直安装在墙上的板件，可悬空，也可架于两个吊柜之间。

④地脚：地柜柜身与地面的连接部分称为地脚，木质类橱柜地脚有封闭式和开放式。封闭式由塑料可调脚和地脚板组成；开放式由金属可调地脚组成，不装地脚板。

⑤装饰板：用于地柜或吊柜上作装饰用的板件。

⑥调整封板：指在转角位或柜体侧边与墙交界处，用于调整尺寸和封闭作用的固定板件。调整封板分转角封板和侧封板两种。

⑦烟机封板：在抽油烟机上面起封闭作用的固定板件。

⑧开放柜：指没有门板的柜子，分为开放地柜和开放吊柜两种。

（4）橱柜图纸

设计中常用厨房图纸包括厨房平面图、橱柜平面图、橱柜立面图和台面图等，在绘制图纸时，需有规范标准准确表达。

平面图中通常有以下几种需表达的注意事项，如图7-45所示。

①每个柜有相应的柜号（搁板除外）。

②有尺寸标注（标出宽度和深度）。

③地柜平面图中要画出炉和盆摆放的位置。

④如果地柜有地脚板，在平面图中用虚线表示。

⑤吊柜在平面图中要画一条斜杠表示与地柜区分。

⑥中高柜或高柜在平面图中要加“X”，以区分不同高度的柜体。

⑦如果是做“L”或“U”型的橱柜必须有方向之分，可用A向、B向、C向等来表示。

立面图中通常有以下几种需要表达的注意事项，如图7-46所示。

①每一个柜都有与平面图相对应的柜号。

②每一个柜都有尺寸标注（标出柜子宽度和高度）。

③立面图中地脚板的高度和台面的厚度要标注。

④在立面图中要画出开门方向，用虚线表示。

⑤如果有层板要在立面图画出，用虚线表示。

⑥立面图中转角位处画两条相交叉的对角线，表示该位置无门板。

⑦如果有门板一定会有拉手，注意拉手的画法表示，地柜和吊柜分别画在相应的位置。

⑧功能柜如拉篮、抽屉、燃气瓶要标明，并写上文字说明。

台面平面图表达的含义如下：

①台面长度如果超过2400mm时，最好要分块制作，要注明接驳线的位置。如果是“L”型或“U”型的台面未注明，接驳线通常在拐角往外50mm处，否则要注明接驳位的尺寸，如图7-47所示。

②台面尺寸标注要标明长度和深度，特别需要注明燃气炉孔和盆孔的中心尺寸，台面开孔左右侧边距不能小于50mm，前后边距不能小于80mm。

③水盆要标明是做台底盆还是台上盆，炉孔要标明开孔的尺寸是多大或者是现场开。

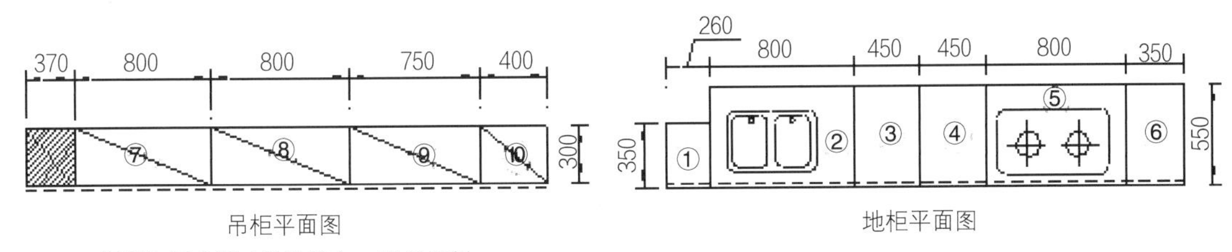

图7-45 橱柜平面图

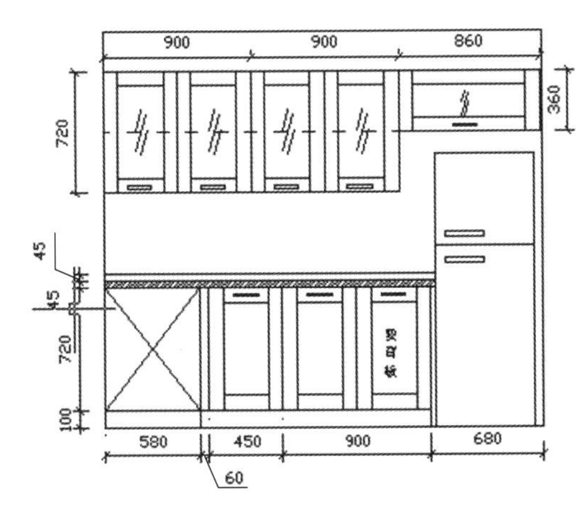

图7-46 橱柜立面图

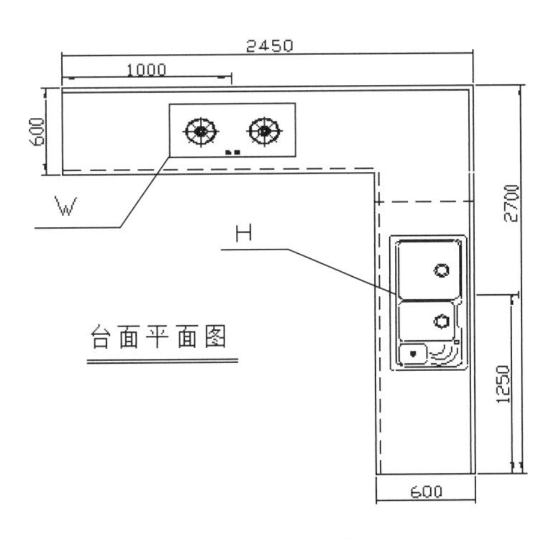

图7-47 台面图

7.4 厨房功能分区与布局

为了有效规划厨房空间，节省时间和精力，提高日常工作质量，了解厨房的不同工作区域和布局，通常将厨房划分为五大区域：食品存储区、备餐区（准备区）、洗涤区（清洗区）、物品存储区和烹饪区，如图7-48所示。

厨房的布局原则

7.4.1 厨房的功能区域划分

厨房空间布局与功能区设计

橱柜

（1）食品存储区

食物存储包括以冰箱为主的冷藏食物存储、常温食物存放以及专用存储区域。

（2）备餐区

备餐区包括食品加工、切菜、配菜等为烹饪做准备的区域。常用厨具如餐具、刀具多放在此，方便拿取和放置。

（3）洗涤区

洗涤主要是洗菜、洗碗、清除残渣、排除污水等，通常包括水盆柜、洗碗机、垃圾处理器等的柜体区域。

（4）物品存储区

存储各种锅具、厨房小电器的柜体，如高柜、立柜等。

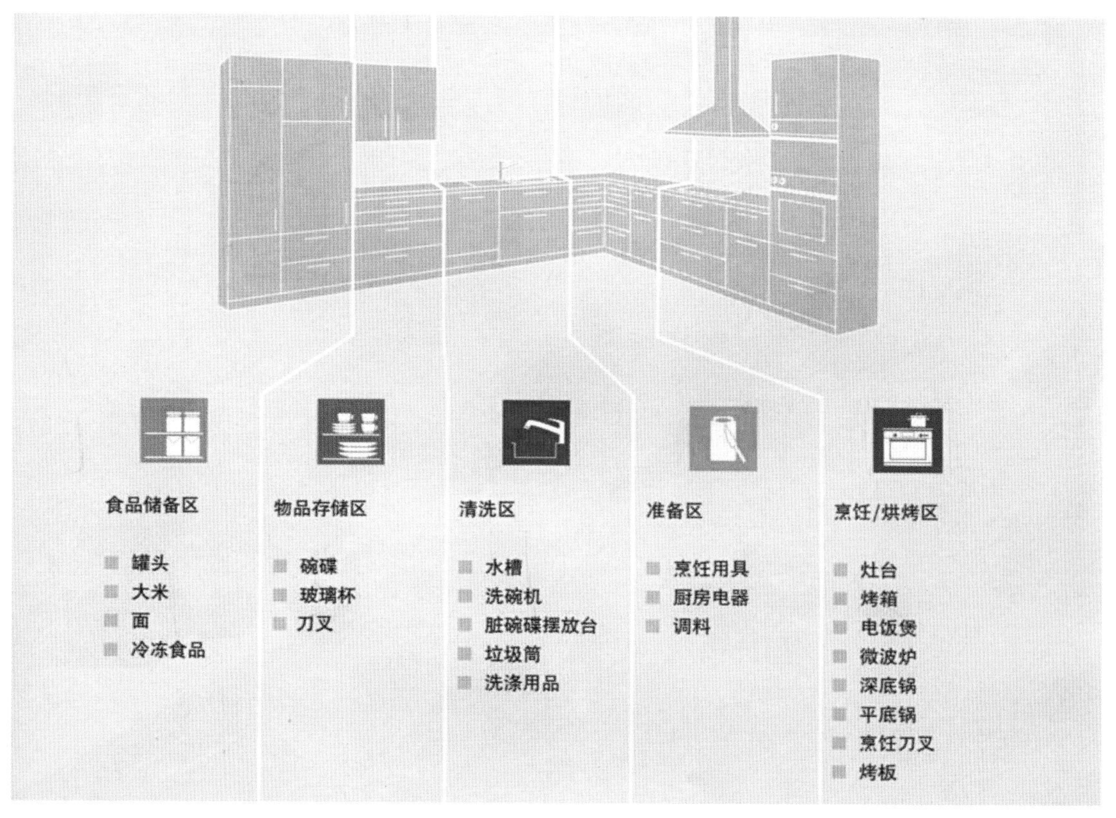

图7-48 厨房的功能分区

（5）烹饪区

进行食物烹制的主要操作区域，包括灶台柜、调料盒、散热排烟装置等。

7.4.2 厨房的常见布局形式

橱柜的布置形式要依据厨房的大小和形状来设计，表7-7所示为常见厨房布局适应户型尺寸。常见的布置形式可分为“一”字型、“L”型、双“一”字型、“U”型和“中岛”型。

橱柜常见布局形式

表 7-7　厨房净宽、净长尺寸表

厨房布局形式	最小净宽/mm	最小净长/mm
“一”字型	1800	3000
“L”型	1800	2700
双“一”字型	2100	3000
“U”型	2400	2700

（1）“一”字型

①适合户型：厨房结构比较狭长，小户型居多。

②特点：“一”字型橱柜的设计主要沿着墙面一字排开，每个柜体都一目了然，结构简单、方便整理。操作的流程都在一条直线上。依照使用者的习惯，依次为洗涤、加工、烹饪，由左至右或由右至左摆放即可，动线流畅。“一”字型布局是一种非常重要的橱柜结构类型。

③设计要点：“一”字型布局充分利用每一寸可用的空间，可以设计一些高柜，增加储藏的空间，使厨房用品能够得到充分合理的摆放和储存。但尽量避免过于复杂的设计，橱柜若布置太满，给人的感觉很压抑。应以简洁为主，置身于其中工作不会感到拥挤，如图7-49所示。

（2）双“一”字型（廊式）

①适合户型：此类橱柜多见于两端都有门口的厨房，厨房的面积要比“一”字型的厨房宽敞很多，同时，此类户型厨房一般兼当通向阳台或其他空间的过道。

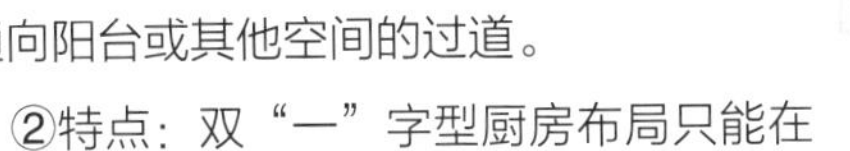

双“一”字型

②特点：双“一”字型厨房布局只能在相对的两面墙分别做两排橱柜，收纳空间大，适合多人交叉作业。

③设计要点：双“一”字型厨房布局是在厨房空间相对的两面墙壁，在设计过程中，需要注意预留足够宽的人行通道，以方便进出，两面墙壁中间的净空不小于2100mm，确保通道宽度一般在900mm以上。双“一”字型厨房布局可容几个人同时操作，设计布局可设置为“黄金三角区”，通常是将水池和冰箱组合在一起，而将炉灶设置在相对的墙上，当水槽和炉灶分置在两边时，应错开布置，避免两人同时工作时互相干扰，如图7-50所示。

图7-49　“一”字型布局

图7-50　双“一”字型（廊式）布局

（3）“L”型

①适合户型：“L”型设计为客户提供了一个非常紧凑的厨房，是一种常见的橱柜布局类型。适合于比较大的厨房，可供多人操作。

“L”型厨房

②特点：清洗、备餐和烹饪从墙角双向展开成L型，形成一个三角形区域，能尽量利用中间地带；缺点是地柜、吊柜有转角部分，转角设计需考虑较多元素，不如其他布局视野开阔。

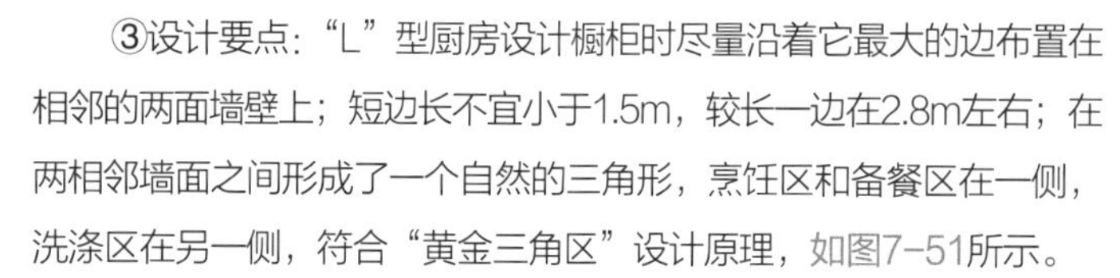

③设计要点：“L”型厨房设计橱柜时尽量沿着它最大的边布置在相邻的两面墙壁上；短边长不宜小于1.5m，较长一边在2.8m左右；在两相邻墙面之间形成了一个自然的三角形，烹饪区和备餐区在一侧，洗涤区在另一侧，符合“黄金三角区”设计原理，如图7-51所示。

（4）“U”型

①适合户型：“U”型橱柜的设计，要求厨房的宽度一般要在2300mm以上。“U”型厨房一直被认为是最有效的设计方案，连续的台面和操作区域从三个方向环绕，节省了厨房操作者行走的步数。“U”型厨房是独自高效处理一切事务操作者的最佳选择。

“U”型橱柜

②特点：“U”型厨房最大限度地利用厨房面积，橱柜环绕三面墙，此设计的橱柜配备比较齐全，有强大的储物功能。在设计上可以采用各种设计风格，各种厨房电器和功能配件布置齐全；厨房工作流程线与其他空间的通道完全分开，避免了厨房与其他空间的相互干扰；缺点就是出现两个转角比较难处理。

③设计要点：在布局的安排上，一般把冰箱、炉灶分置两边，水槽置于厨房的底部，这样构成一个正三角形的工作区。“U”型厨房的特点是操作者工作流程线与其他空间的通道完全分开，避免了厨房与其他空间的相互干扰；通道要保证1000mm以上，如图7-52所示。

（5）“中岛”型

①适合户型：设计中岛型橱柜的首要条件是厨房面积需要足够大，至少需要16m^{2}的空间，“中岛”型厨房一般是跟餐厅连在一起的开放式厨房。

②特点：厨房的各工作中心集中一起，并远离墙壁，人在厨房操作活动是围绕这个岛来进行；这种布置方式最适合多人在厨房工作，营造一种融洽的家庭气氛。

③设计要点：中岛型的厨房是在其他四种常见布局上，中央增设一张独立的岛台，岛台与橱柜中间间隔至少900mm，如图7-53所示。

图7-51 “L”型布局

图7-52 “U”型布局

图7-53 “中岛”型布局

7.4.3　厨房的高效布局

厨房的高效布局形式一般出现在“U”型布局和“L”型布局厨房中。“U”型厨房的基本功能较为好用，操作流程合理，可以容纳多人操作。洗涤区、烹饪区、操作区、储藏区可以划分得很明确，一般洗、切、炒的动线最为合理。水槽和灶台之间的布局也很讲究。“L”型布局厨房多了一个小小的转角位，但是实用性大大增强。“L”型厨房布局空间利用率高，每一寸空间都充分利用。切、洗、配区动线流畅，常用物品随手可取。洗菜、切菜、炒菜这三步流程顺畅。所以在切菜区不要放微波炉，电饭煲等大件电器，做好收纳也很重要。

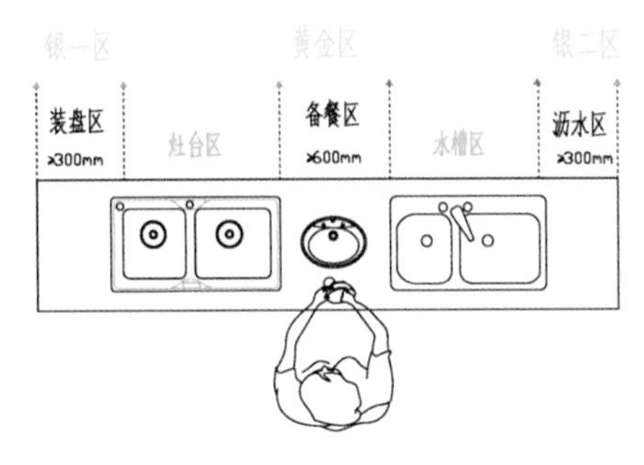

图7-54　“一金两银”布局

在厨房布局过程中需重点关注“一金两银”区域，如图7-54所示。所谓黄金区一般指炉灶和水槽之间的区域，又称备餐区。该区域长度一般大于600mm，最好为800mm以上，是放置切菜板、菜刀及进行切菜和备菜的区域。银一区是指灶台到墙边的位置，又称装盘区。该区域长度一般大于300mm，在此区域放置好菜盘，炒菜后装盘，预备上菜。银二区是指水槽到墙边的空间，又称沥水区。该区域长度大于300mm，一般设置在水槽旁，将洗好的碗盘放置于沥水架处。同时也可以利用窗台空间放置沥水架，打造沥水区，节省台面空间。

7.5　厨房定制设计要点

7.5.1　厨房空间色彩搭配

对于厨房空间的色彩搭配，定制者可根据自身爱好决定。一般纯度高的色彩浅淡而明亮，使厨房空间看起来宽敞；纯度低的色彩使厨房空间显得温馨、亲切。暖色调营造舒适、活泼、热情的厨房空间氛围。在厨房空间中，顶面和墙面通常建议使用明亮色彩，而地面建议使用暗色系，使空间整体感觉沉稳。

在设计过程中，首先要确定地面颜色及橱柜的柜门和台面的颜色；根据地面颜色选择墙体颜色与橱柜色彩的搭配。但是有一个原则，一套橱柜最好不要超过三种颜色，否则会显得杂乱。

橱柜色彩设计的根本问题是配色问题，这是色彩整体效果的关键，孤立的颜色无所谓美或不美，也不分高低贵贱，只有不恰当的配色，而没有不可以用的颜色，色彩的效果取决于不同颜色之间的相互关系。同一颜色在不同的背景条件下，其色彩效果可以迥然不同，这是色彩所特有的敏感性和依存性。在设计中，黑色与其他色彩组合属极好的衬托色，可以充分地显示其他色的光感与色感，但又不失协调。

色相分析：

①红色：红色是一种热情奔放、充满喜庆的色彩。年轻的新婚夫妇采用红色最为贴切，不仅能体现主人大胆的个性，更能展现青年生机勃勃的朝气，显示华贵，红色也能增强食欲。红白相间的组合，利用白的

温和稍稍冲淡红色造成的单调感觉，使整体更富变化，更有生气。红与黄的搭配有一种压得住的热烈，辅以老式家具喜庆吉祥的用色手法，会使橱柜显示出一派欣欣向荣的新气象。

②橙色：橙色既有红色的热情又有黄色的光明，活泼的性格，是一种轻快、香甜的色彩。橙色特别适用于喜好彰显个性、做事外露的年轻人。

③黄色：黄色是最为光亮的色彩，纯色中明度最高，给人以光明、活泼轻快的感觉，也是一种尊贵威严的色彩。中国自古以黄色为尊，它是身份的象征，淡黄能与多种颜色搭配出令人满意的效果，如蓝色、绿色、红色等，明快的杏黄色又可创造出青春的奔放意境。

④绿色：绿色是一种轻松舒爽、赏心悦目的色彩。绿色是永远用不完、永远不会让人感到厌烦的主题，因为它的每一点变化都对应着自然给人类的印象，绿色适合所有喜欢它的人。从淡绿转化成灰绿，然后暗紫，完成室外到室内的过渡，对应了人的视觉对空间的自然反应。淡绿田野的地板，黄色如秋叶的柜体，墨绿如松针的台面，构成一幅自然景色，使人心情豁然开朗。淡绿与淡蓝的配合则使厨房充满生机，生活在淡绿的空间里，梦都是清新的，明快而错落的绿让人仿佛来到青山翠谷。

⑤蓝色：注目性和视觉性不高，给人冷静、智慧、深远的感觉，是一种充满梦幻的色彩，始终保持清澈、浪漫的感觉。橱柜在这样的空间里，显得纯洁可爱，惹人遐思，多看蓝色可令人情绪稳定，思考更具有理性，特别适合工作紧张的白领，让喧嚣的心灵靠近宁静的港湾。蓝色与黄色的柜体在充足的光线下，格外清新醒目，二者搭配显出成熟和典雅，彼此相得益彰，和谐又不失灵活。用红色点缀蓝色橱柜，使深沉中增加一种明快与活跃。灰蓝为主调的大胆色彩运用，会让人耳目一新，清爽心情油然而生，此外，淡蓝朴素清澈，深蓝前卫摩登。

⑥紫色：紫色给人以高贵、庄严之感，但心理上会忧郁和不安，女性对紫色嗜好性很高。

⑦白色：白色是一种纯洁无瑕、一尘不染的色彩。以白色为主调的橱柜呈现朴素、淡雅、干净的感觉，对于喜欢洁净、安静的人，无疑是最好的选择。白与黑这一对比色的搭配，可制造出一种单纯的沉稳效果，白与任何颜色搭配都会产生意外的感觉。

⑧灰色：银灰的流行是现代文明都市的产物，效率、健康、积极热情融入其中，时尚、有品位的消费者多钟情厚重的银灰，可让从喧闹世界返回家庭的主人尽快恢复平和的心态。银灰色现代感强，个性化装饰突出的橱柜，与银灰色往往是密不可分的。

7.5.1.1 纯色搭配系

纯色搭配能够使空间感觉尤为简洁和柔和。颜色不会很热烈，恰似冬季里的骄阳，温柔又充满了生活的欢乐。在这样的一个空间里，能够放下一天的疲劳，使厨房工作变得简单轻松。

（1）纯色搭配——经典白

百搭的白色简约而不简单，同一种色彩，却在设计师的手中诠释出高贵、优雅、清新、干练等不同的气质，白色系厨房也是很多人心目中的最佳选择，如图7-55所示。

（2）纯色搭配——高级灰

灰色便是神秘，与浅色调的温柔相反，它会更加热烈、高冷。用在厨房空间中会略显暗沉，但却别有一番韵味，灰色是塑造工业风的主色调。随着“工业风”在米兰的复苏，“高级灰”成为继“经典白”之后的又一流行风向，治愈系高级灰用降低饱和度、减小色阶差的方式，来呈现一种“失焦”般的宁静。所谓的高级感，是体现厨房空间中对于平静生活的认真对待，如图7-56所示。

（3）纯色搭配——其他纯色系

除上述之外，还有其他纯色系搭配，也可呈现不同的效果，如图7-57所示。

图7-55 经典白配色

图7-56 高级灰配色

图7-57 其他纯色系配色

7.5.1.2 多变拼色系

“追求个性，展示自我”是现在潮流的一大趋势，由此应运而生的拼色设计独特又百搭。两种对比色系的色彩搭配，既摆脱视觉上的单调感，又实现色彩的补充与平衡。

（1）多变拼色——黑白搭配

黑白配，绝对是色彩搭配中的经典。黑色庄严肃穆，白色纯真简洁，光与暗的视觉冲突给人一种充满个性的感觉。橱柜设计中常用烤漆工艺来展示两种色彩的融合，特别适合工作在都市中的繁忙白领群，散发着知性、时尚的气息，如图7-58所示。

（2）多变拼色——原木色搭配

原木色搭配满足人们对自然简约风的喜爱，近年来原木色拼搭日渐流行，由于原木色调温暖自然，给人舒适、随意的放松空间。在快节奏的生活状态下也会有一个惬意休息的念头。时至今日，实木、吸塑、薄木贴皮等工艺都实现了原

图7-58 黑白配色

木风格的设计，对于厨房空间的选择也有越来越多的尝试，如图7-59所示。

（3）多变拼色——同色系搭配

同色系搭配算得上是比较稳妥的配色方式。在选择橱柜的时候，尽量避免色彩差异大的混搭风格，因为稍作不妥，就非常容易给人突兀、混乱、心烦的感觉，如图7-60所示。

（4）多变拼色——混色搭配

如果想大胆用色，喜欢色彩碰撞的视觉冲击感，也可以采用色彩互补的方法来搭配选择。选用饱和度较低的颜色与饱和度较高的色彩搭配，色彩度较低的一方常常起到协调的作用，用于过渡强烈颜色的区域有不错的效果，如图7-61所示。

图7-59 原木色配色

图7-60 同色系配色

7.5.2 厨房灯光布置技巧

在厨房里，设置一个多层次的照明系统，将不同的灯具和光源进行组合显得很有必要。尤其是厨房的局部照明，多一份考虑，厨房生活会更加舒适。

厨房照明

（1）基础照明

厨房中的基础照明即为顶部光源所提供的主灯光，大部分家庭会选择在厨房顶部安装吸顶灯，吸顶灯整体设计简约美观，适合厨房应用。部分家庭可能会选择安装吊灯，吊灯外形华丽美观，但考虑到厨房油烟重，时间久了吊灯难以清洁，影响美观且会降低吊灯使用寿命。

厨房灯光一般选用白光，不影响对食物颜色的判断，并且灯光亮度不宜过高，高强度光源会影响身体健康。另外，在选择灯具时，由于厨房油烟、水汽较重，尽量使用防水灯或防雾灯。

图7-61 混色系配色

（2）功能照明

厨房中除了主灯源外，还需要在清洗区、备餐区以及存储区等操作区域安装补充光源。

①吊柜底灯补充操作区光源：厨房中操作台一般设置在吊柜下方，所以在吊柜底部安装隐藏灯，如LED灯或者灯带，这种灯具占用空间小，环保节能，光线柔和不刺眼，且不影响橱柜整体美观。隐藏灯可以照亮案板和水槽区域，调节灯光的冷、暖色温，可以适用不同场景，将厨房装饰得格外的温馨浪漫，即使再晚烹饪也能得心应手。

②柜内灯具补充储藏区光源：厨房中的橱柜可大大增加储存空间，柜内容易被柜板遮挡光线，在光线不足时拿取物品非常不便，大部分家庭选择在橱柜内部安装灯具，一般选择LED灯、筒灯、灯带或者层板灯，这些灯具外型小巧，节能环保，光线柔和均匀，不仅可以为柜内提供充足照明，同时它也具有装饰作用，流光溢彩，美轮美奂。

（3）氛围照明

氛围灯一般安装在橱柜底部和吊柜顶部。在灯光的烘托中使得原本不起眼的小角落也变得格外美好且高级。灯带凭借自身的体积优势，可以嵌入狭窄的缝隙，还能够带来连续不断、亮度均匀的光线，可突出橱柜的轮廓感。厨房瞬间落入了光与影的世界，在如此唯美浪漫的氛围里，烹饪的心情也变得更美好。

7.5.3 厨房设计其他注意事项

①厨房所选用的材料首先应考虑防火、耐热、易清洗等因素，装饰材料表面应该光滑，以便清洁。

②炉灶、烟机、热水器等设备设计时首先考虑安全，然后是实用，最后才是美观。

③厨房装修设计过程中，应不影响原有结构的采光、通风、照明效果。

④设计过程中，严禁私自拆装燃气表、水表、燃气管道等设施，同时要保证抄表、读表方便安全。

⑤燃气表、电插座、燃气灶的设置应首先考虑安全因素，尤其注意不要让儿童很容易地接触到这三类地方。

⑥厨房中的储存、洗涤、烹饪三处设计得合理可提高效率，营造舒心的厨房环境。

⑦注意厨房门开启与冰箱门开启不冲突；门口不与抽屉和柜门、拉篮冲突。

⑧厨房地面适用防滑且质地厚的地砖，地砖接口要小，不易积藏污垢，便于清理。

⑨厨房内电器较多，应多预留插孔，且每处插孔均需安装漏电保护装置。

⑩厨房内需要充足的灯光，且光源为白色最佳，以免影响对食物颜色的判断。同时要避免灯光产生阴影，所以射灯不适宜作为主光源使用。

⑪灶台与水盆的距离不宜太远或太近。

⑫冰箱放置在厨房内部时不宜靠近灶台，以免炉灶产生热量影响冰箱内的温度。

⑬操作台预留备用电源在同一水平线上，数量不少于4个。

⑭微波炉电器电源根据客户安装位置决定，便于快速切断电源即可。

⑮做转角柜时，一定要看墙角是否成90°，墙体是内斜还是外斜，运用调整板来处理这些问题，做深入柜时要考虑空间最大利用率。

⑯地柜后存在多处管道障碍物时，建议客户尽量不做抽屉，会影响抽屉进深，容易与障碍物发生冲突，设计时必须考虑抽屉深度。

“民以食为天”。合理的厨房空间环境设计可以为客户创造舒适、安全、便捷的家居烹饪空间。在厨房水、电、气设计中，强化学生环保、安全、节能、人与环境共生的绿色设计理念。同时，通过学习项目中客户的真实案例，让学生建立美好的生活是奋斗出来的正确人生观和价值观。激励学生在平凡岗位上努力工作，用劳动和技能为客户创造更美好的家居生活环境。

思考与练习

1. 整体厨房设计中，安全设计理念有哪些体现?
2. 设计时，厨房障碍物如何避让?
3. 厨房设计过程中需要综合考虑哪些因素?
4. 一套完整的厨房设计方案包括哪些图纸?
5. 常用橱柜的标准功能尺寸是什么?
6. 厨房水、电、气设计中，环保、节能有哪些设计要求?
7. 对下图所示户型进行橱柜设计：采用“U”型布局，有嵌入式洗碗机、抽油烟机为侧吸烟机，冰箱放于厨房内。

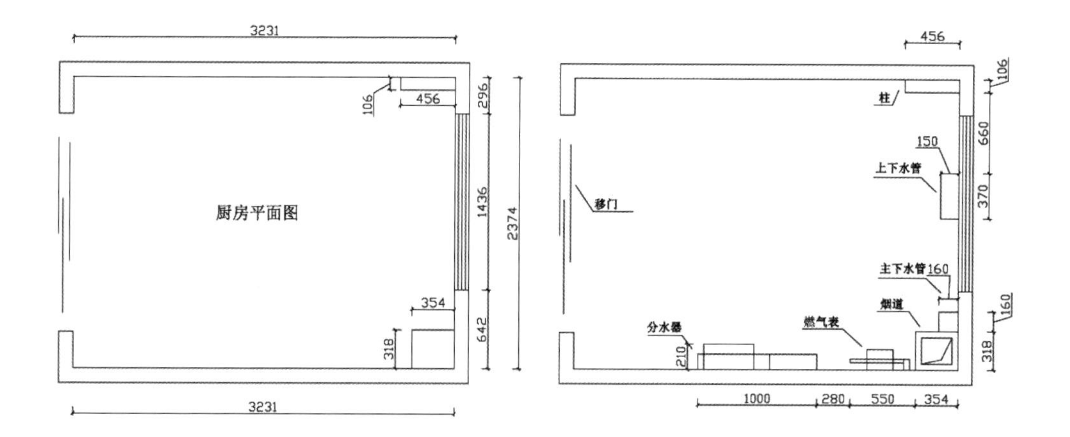

参 考 文 献

[1] 冯昌信．家具设计［M］．北京：中国林业出版社，2015.

[2] 白玉苓．消费心理学［M］．北京：人民邮电出版社，2018.

[3] 张继娟．整体橱柜设计［M］．北京：中国林业出版社，2016.

[4] 程瑞香．室内与家具设计人体工程学［M］．北京：化学工业出版社，2016.

[5] 李婷．家具材料［M］．北京：中国林业出版社，2016.

[6] 魏巍．销售礼仪与沟通技巧培训全书［M］．2 版．北京：中国纺织出版社，2015.